よくわかる
電源回路
活用入門

臼田昭司 著

日刊工業新聞社

は じ め に

　電源回路には多くの方式，種類があります。電源回路の用途も多岐にわたっています。商用電源を使用する機器には電源回路は必要不可欠です。どのような機器でも電源回路が組み込まれています。身近な電源回路の1つとしてデジタル家電用途の充電器があります。パソコンやデジカメ，携帯電話，乾電池などの充電器などが挙げられます。

　一方，実験室や研究室，工場などで使用される直流電源装置や計測器には専用の電源回路が組み込まれています。また，太陽電池や風力発電などの産業用設備にも大型，大容量の電源回路，電源装置が組み込まれています。

　本書では，個人レベルで製作可能な電源回路を中心に，電源回路の基本から具体的な製作例，定電圧回路の仕組み，活用法について説明します。これらの製作例を通して，新たな応用回路を見いだすことができます。簡単な電源回路から3端子レギュレータを使用した定電圧電源回路，無安定マルチバイブレータを使用したDC-ACインバータ，通常のトランスを高周波トランスとして使用したDC-DCコンバータ，満充電表示と充電停止機能を追加したバッテリ充電器について説明します。

　各章の概要を，以下に説明します。

　第1章は，電源回路の基本と代表的な回路方式について説明します。整流回路の仕組みから定電圧ダイオードを使用した定電圧電源回路，3端子レギュレータを使用した定電圧電源回路，スイッチング方式の定電流回路について説明します。

　第2章は，簡単な直流安定化電源回路について説明します。最初に，定電圧ダイオードを使用した直流電源回路について説明します。具体的には，直流12V-30mAと60mAクラスの定電圧電源回路の製作例について説明します。次に，汎用の3端子レギュレータを使用した直流電源回路について説明します。最後に，3端子レギュレータを使用した2電源安定化電源回路の製作例について説明します。

第3章は，市販の小型電源モジュールであるAC-DCコンバータとレギュレータICについて説明します。電源トランスを使用しないAC-DCコンバータはAC100Vから直接直流定電圧を得ることができます。また，レギュレータICは制御端子を使用して出力電圧を可変することができます。さらに，外部から出力電圧をON-OFFすることができます。これらを使用した具体的な実験例を説明します。

　第4章は，市販の実験用電源組み立てキットの製作例について説明します。製作例を通して直流安定化電源の基本構成，仕組みを理解します。最初に電源キットの定電圧回路方式について説明します。次に，ロータリスイッチと3端子レギュレータを組み合わせた出力電圧の切り替え方法について説明します。最後に，3端子レギュレータのシャットダウン機能を活用した過電流保護回路の動作について説明します。

　第5章は，LEDの駆動回路について説明します。最初に，LED点灯回路の基本について説明します。次に，LEDパルス点灯駆動回路について実験例と合わせて説明します。また，AC100VからLEDを直接点灯できるLED点灯駆動回路について説明します。さらに，最近注目されているLED定電流駆動回路について，市販のLED定電流モジュールを使用した実験例と併せて説明します。最後に，市販の定電流ダイオードを使用したLED駆動回路について説明します。

　第6章は，市販の電源トランスを用いたDC-ACインバータについて説明します。最初に，デジタルICとこれを使用した無安定マルチバイブレータについて説明します。次に，無安定マルチバイブレータと電源トランス，2個のトランジスタを使用したDC-ACインバータを組み立てます。DC12VからAC100Vの矩形波の出力電圧が得られます。実験では，ワット数の異なる白熱ランプを点灯し，負荷特性を測定します。

　第7章は，市販の電源トランスをスイッチングトランスとして使用したDC-DCコンバータについて説明します。最初に，電源トランスの周波数特性を測定し，スイッチングで使用できる周波数を決めます。次に，コンデンサと抵抗を選定して無安定マルチバイブレータの発振周波数を

設定し，電源トランスと組み合わせたスイッチングの基本実験をします。次に，トランスの出力側に整流回路を接続し，DC-DCコンバータとしての負荷特性の測定をします。最後に，整流回路に3端子レギュレータを接続し，出力電圧を安定化します。

第8章は，密閉型鉛バッテリの充電回路について説明します。最初に，3端子レギュレータを使用した定電流回路について実験例と併せて説明します。次に，製作した定電流回路を使用した鉛バッテリの充電特性について実験します。次に，オペアンプを使用した満充電表示回路と充電停止回路について説明します。最後に，定電流回路にこれらの回路を追加したバッテリ充電回路の動作実験をします。

付録は，フェライトコアを用いた発振トランスを使用して高電圧発生回路を製作します。4倍圧整流回路を用いて入力電圧DC3Vから4kVの負の高電圧を発生させます。また，製作した高電圧発生回路を用いてオゾンを発生させます。実際に密閉空間でオゾン濃度を測定します。

本書では，電源回路の基本から回路構成，具体的な製作例，活用法について説明しています。個人レベルで製作できるように，市販の電子部品を使用し，具体的な回路図を用いてわかりやすく説明しています。実験では，高価な測定器は使用せず，汎用の測定器を用いて製作した電源回路の基本特性について測定します。

本書は，電源回路に興味を持ち，本書で説明している電源回路の仕組みを理解し，実際に組み立てたいと考えている読者，また，本書で説明している電源回路を応用して別の用途の電源回路を製作したいと検討されている読者の方々に，何らかの参考になり，さらに具体的に役に立つことができれば望外の喜びです。

最後に，本書執筆に好機を与えていただいた日刊工業新聞社書籍編集部の森山氏をはじめ関係の諸氏に感謝いたします。

2009年3月

著者しるす

目　次

はじめに

プロローグ —— 1

1章　電源回路の基本 —— 9

1-1　整流回路 …………………………………………………… 9
1-2　定電圧ダイオードを使用した定電圧電源回路 …………… 10
1-3　3端子レギュレータを使用した定電圧電源回路 ………… 11
1-4　スイッチング方式の定電圧電源回路 ……………………… 13

2章　簡単に構成できる直流安定化電源回路 —— 15

2-1　定電圧ダイオードを使用した直流電源回路 ……………… 15
　（1）定電圧ダイオードの基本特性 …………………………… 15
　（2）DC12V-30mA直流電源回路の製作 …………………… 18
　（3）DC12V-60mA直流電源回路の製作 …………………… 25
2-2　3端子レギュレータを使用した直流電源回路 …………… 31
　（1）3端子レギュレータ ……………………………………… 31
　（2）3端子安定化電源回路のキットを組み立てる ………… 32

3章　AC-DCコンバータとレギュレータIC —— 39

3-1　AC-DCコンバータ ………………………………………… 39
3-2　レギュレータIC …………………………………………… 44

4章　実験用電源組み立てキット ——— 55

4-1　電源組み立てキットの回路構成 …………………………………… 55
4-2　電源キットの組み立て ………………………………………………… 64
　　（1）　キット内の部品 ………………………………………………… 64
　　（2）　基板1の組み立て ……………………………………………… 64
　　（3）　基板2の組み立て ……………………………………………… 67
　　（4）　基板3の組み立て ……………………………………………… 68
　　（5）　リアパネルにヒューズホルダと電源コードを取り付ける ……… 70
　　（6）　電源コードとヒューズホルダの配線と基板1の取り付け …… 72
　　（7）　フロントパネルにターミナル端子，ネオンブラケット，
　　　　　トグルスイッチを取り付ける ………………………………… 72
　　（8）　基板2の取り付けと電源トランス，リアパネル，
　　　　　フロントパネルの配線 ………………………………………… 76
　　（9）　基板3の取り付けと配線 ……………………………………… 78
　　（10）　基板1と基板2の配線および仕上げの配線 ………………… 78
　　（11）　化粧パネルの取り付けとカバーを取り付けて
　　　　　組み立てを完成させる ………………………………………… 78
4-3　完成した電源キットのテスト ………………………………………… 82

5章　LED駆動回路 ——— 85

5-1　LED点灯駆動回路の基本 …………………………………………… 85
5-2　LEDパルス点灯駆動回路 …………………………………………… 88
5-3　AC100V LED点灯駆動回路 ………………………………………… 96
5-4　AC入力LED点灯定電流駆動回路 ………………………………… 100
5-5　定電流ダイオードを使用したLED駆動回路 ……………………… 103

6章　DC-ACインバータ —— *109*

6-1　デジタルICと無安定マルチバイブレータ …………………………… *109*
　　（1）デジタルICの基本 …………………………………………………… *109*
　　（2）無安定マルチバイブレータの基本動作 …………………………… *113*
　　（3）無安定マルチバイブレータの製作 ………………………………… *119*
6-2　DC-ACインバータの製作と実験 ……………………………………… *123*
　　（1）DC-ACインバータの製作 …………………………………………… *123*
　　（2）DC-ACインバータの実験 …………………………………………… *124*

7章　DC-DCコンバータ —— *135*

7-1　電源トランスの周波数特性 …………………………………………… *135*
7-2　DC-DCコンバータの組み立て ………………………………………… *137*
7-3　DC-DCコンバータの定電圧化 ………………………………………… *146*

8章　バッテリ充電回路 —— *151*

8-1　3端子レギュレータを使用した定電流回路 ………………………… *151*
8-2　定電流回路による鉛バッテリの充電 ………………………………… *155*
8-3　満充電表示回路 ………………………………………………………… *160*
8-4　満充電停止回路 ………………………………………………………… *165*

付　録　高電圧発生回路 —— *171*

索　引 ………………………………………………………………………… *179*

プロローグ

　一口に"電源回路"と言ってもその用途は広範囲にわたっています。身近なものでは，携帯電話やデジタル家電の充電器に組み込まれています。携帯電話やパソコンの充電器として使われている電源モジュールは，小型軽量化され，樹脂ケースに一体として収納されています（**写真P-1**〜**写真P-3**）。

　この種の電源は，数年前までは通常の電源トランスを使用していたため，重量がある比較的大きなものでした。最近の電源モジュールは，電源回路方式が大きく変わりました。AC100Vの入力電圧をいったん整流し，直流にした後，トランジスタを駆動して小型高周波トランスをスイッチングし，電圧変換と同時に電圧安定化をした後に，トランス出力側でもう一度整流して，対象の機器の電源仕様に合った直流電圧を出すようにしています（**図P-1**）。

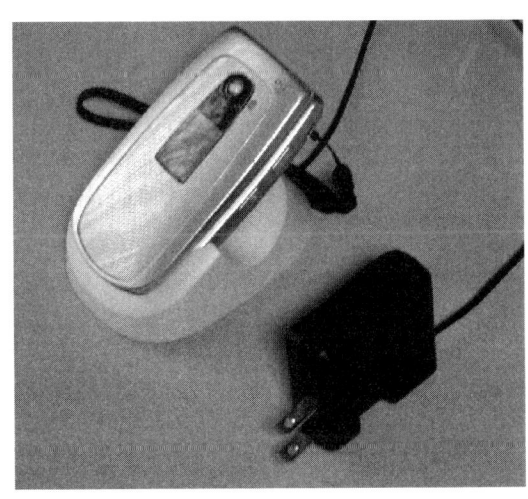

写真P-1　携帯電話の充電器

プロローグ

写真P-2　パソコン用の充電器

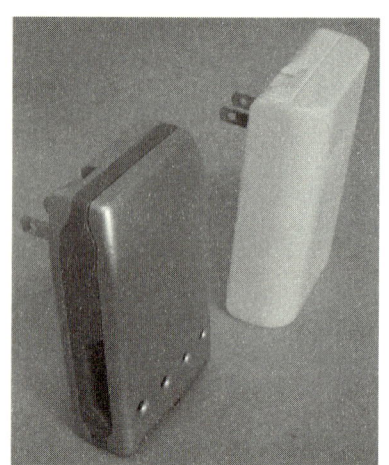

写真P-3　ニッケル水素電池専用の充電器

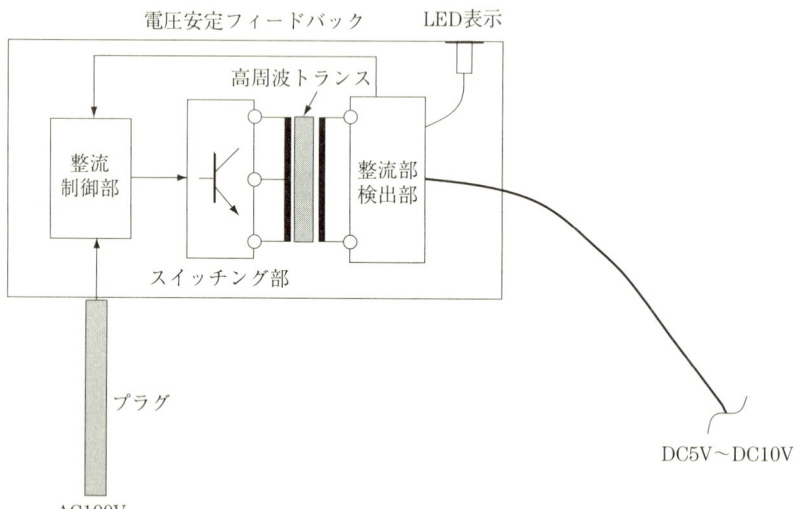

図P-1　デジタル家電の電源モジュールのイメージ

プロローグ

　"電源"というとトランスの固まりのようなイメージですが，特に，デジタル家電に使用されている電源回路は，"エレクトロニクス"の塊と言っても過言ではありません。
　一方，産業用機器としては，風力発電や太陽電池発電における発電システム，非常用電源設備に設置された2次電池の充電機器があります（**写真P-4**および**写真P-5**）。
　また，乗り物では，電動自転車やハイブリッド式自動車に代表されるように，バッテリと専用の充電システムが搭載されています。
　このように，それぞれの機器，システムに合った固有の電源回路，電源装置，電源システムが組み込まれています。
　最後に，筆者の研究室で開発したエコバイク用充電器について紹介します。
　エコバイク用充電器とは，自転車に搭載した発電機からバッテリ（ニッケル水素電池）を充電するための専用の充電器を搭載した自転車の総称です。
　自転車に発電機，充電器，バッテリを取り付け，ペダルを回すことにより，発電機からバッテリを充電することができます（**写真P-6**～**写真P-9**）。非常時

写真P-4　鉛バッテリ用充電器

(a) 太陽電池パネル

(b) バッテリ充電システム

写真P-5 太陽電池システム

写真P-6　試作したエコバイク

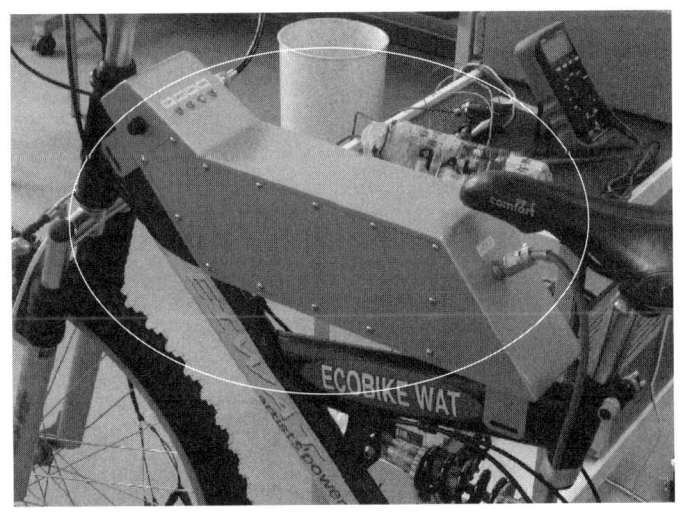

写真P-7　エコバイク用充電器

プロローグ

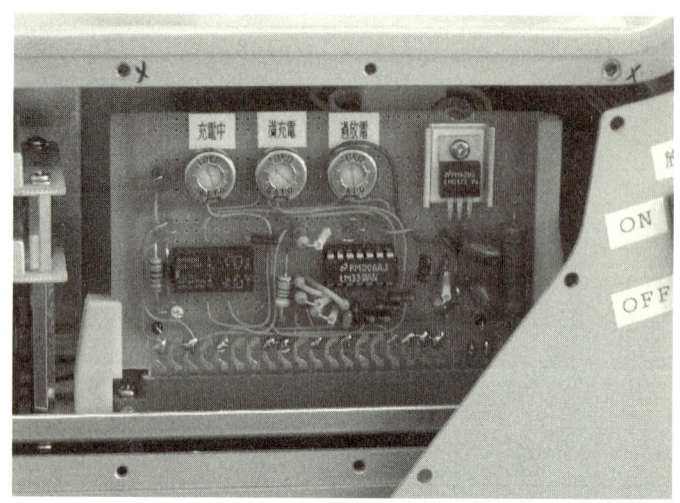

写真P-8　エコバイク用充電器の内部

写真P-9　エコバイク用発電機

は，バッテリから電灯やラジオ，テレビなどの負荷に電力を供給することができます。このとき必要に応じて，負荷に電力を供給しながらペダルを回して充電することができます。発電機を併用したニッケル水素電池のバッテリ充放電特性の試験結果を図P-2に示します。

充電を併用した放電の場合は，放電のみの場合に比べて放電率が大きく低減

できることが確認できました。

　このように，新しい環境を考慮した"エコ"をテーマにした非常用機器においても電源装置，電源回路は必要不可欠になってきています。

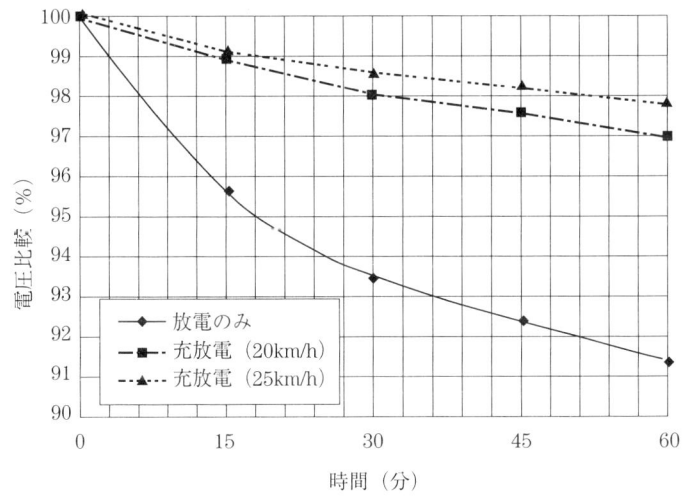

図P-2　エコバイクの充放電特性

1 電源回路の基本

　直流電源回路とは，通常，安定化電源のことを指します。電圧を安定化させるためにはいくつかの方式があります。定電圧ダイオードを使用した定電圧電源回路，3端子レギュレータを使用した定電圧電源回路，トランジスタをスイッチングすることにより高い変換効率で電圧を安定化する定電圧電源回路があります。これらの定電圧電源回路はそれぞれ長所，短所があり，使用目的によって使い分けられます。

　以下に，整流回路，各定電圧電源回路の基本について説明します。

1-1　整流回路

　交流電圧を電源トランスで電圧変換した後，ブリッジダイオードで構成された整流回路で直流に整流し，電解コンデンサでリップルを少なくして出力電圧を取り出す回路を整流回路と言います。電解コンデンサの静電容量が大きいほど直流電圧のリップルが少なくなります。逆に，電解コンデンサの容量が大きいと電源投入時にコンデンサに突入電流が流れるため，これを抑えるためにブリッジダイオードと電解コンデンサの間に限流抵抗を入れることがあります。

　基本的な整流回路と各部の波形を**図1-1**に示します。出力電圧は電源トランスの2次側の電圧によって決まります。ブリッジダイオードの電圧降下も考慮する必要があります。また，出力として取り出せる電流は，電源トランスの容量によって制限されます。

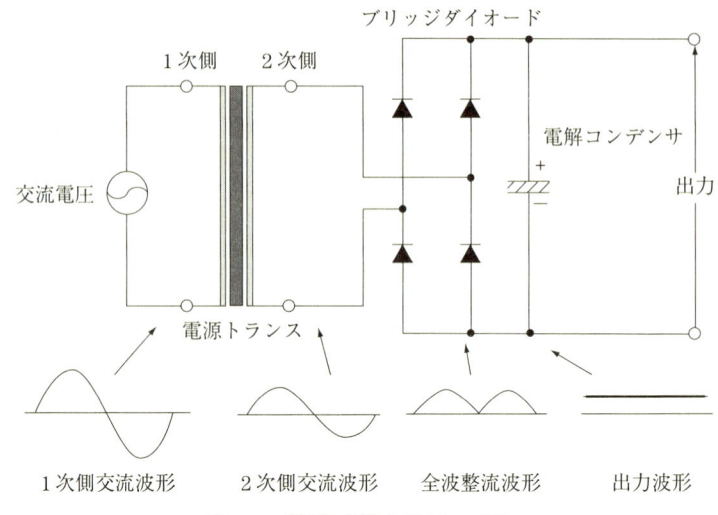

図1-1　整流回路と波形の変化

1-2　定電圧ダイオードを使用した定電圧電源回路

　定電圧ダイオード（別名，ツェナーダイオード）を使用した定電圧電源回路の安定化の方式は，定電圧ダイオードの使い方そのものになります。具体的な定電圧回路と製作例については第2章で説明します。

　この方式の電源回路の欠点は，出力電圧が可変できないこと，出力電圧を自由に設定できないことと，あまり大きな出力電流が取れないことです。出力電圧は定電圧ダイオードのツェナー電圧V_zで決まってしまうことと，定電圧ダイオードの最大電力損失Pでツェナー電流I_zの最大値が決まってしまうためです。

　また，定電圧ダイオードは直列接続して使用することができますが，並列接続することはできません。

　一方，電力損失Pが1W程度，出力電流が数10mA程度の電源回路であれば，多くのツェナー電圧V_zを持つ定電圧ダイオードが市販されているので，比較的簡単に目的の定電圧電源回路を構成することができます。

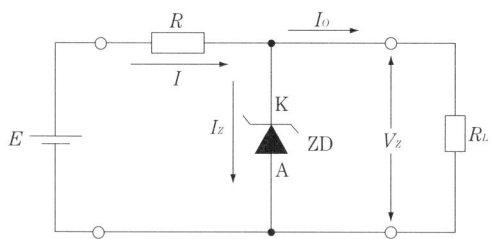

図1-2 定電圧ダイオードを使用した定電圧電源回路

定電圧ダイオードを使用した基本的な定電圧電源回路を**図1-2**に示します。

入力電圧をE，抵抗Rに流れる電流Iは，定電圧ダイオード（ZD）のツェナー電圧をV_zとすると

$$I = \frac{(E - V_z)}{R} \tag{1-1}$$

となります。

また，定電圧ダイオードの電力損失をPとすると，ツェナー電流I_zは

$$I_z = \frac{P}{V_z} \tag{1-2}$$

となります。

定電流回路の出力電流I_oは

$$I_o = I - I_z = \frac{(E - V_z)}{R} - \frac{P}{V_z} \tag{1-3}$$

で与えられます。このように出力電流I_oは，ツェナー電圧V_z，電力損失P，入力電圧E，抵抗Rによって制限されます。

1-3　3端子レギュレータを使用した定電圧電源回路

3端子レギュレータを使用することによって，比較的簡単に安定度の高い定電圧電源回路を構成することができます。3端子レギュレータは安定化電源用ICのことです。3端子レギュレータの中には，出力電圧を調整することが可能なものもあります。LM317Tはその代表的なもので，第4章と第8章で具体的

な使用法について説明します。

通常の3端子レギュレータには，過電流制限回路，熱遮断回路，ASO保護回路が内蔵されています。

代表的な3端子レギュレータには，7800シリーズと7900シリーズがあります。

3端子レギュレータを使用した直流安定化電源方式を"シリーズ・レギュレータ"方式と言います。3端子レギュレータを使用しないで，パワートランジスタや定電圧ダイオードを組み合わせた電源回路もこの方式に含まれます。

この方式の定電圧回路は，電圧安定化のために不要な熱を発生します。このため3端子レギュレータやパワートランジスタを使用する場合には，放熱器（フィン）を一体取り付けして使用します。この場合，半導体の使用許容温度の範囲内で使用するための放熱設計が必要となります。

3端子レギュレータの電力損失を説明した概念図を図1-3に示します。

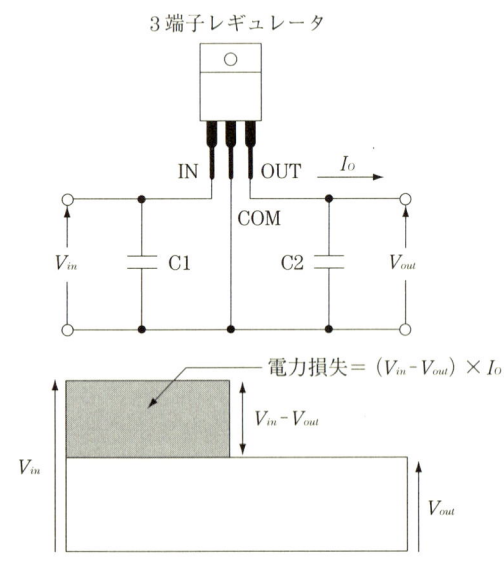

図1-3　シリーズ・レギュレータの電力損失

入力電圧をV_{in}，出力電圧をV_{out}，出力電流をI_Oとすると，3端子レギュレータで損失する電力P_Oは

$$P_O = (V_{in} - V_{out}) \times I_O \tag{1-4}$$

で与えられます。

入出力電圧差（$V_{in} - V_{out}$）が大きいほど3端子レギュレータで発生する電力損失は大きくなり，熱として放出されます。この熱を放熱器を介して空気中に放出する必要があります。

1-4 スイッチング方式の定電圧電源回路

スイッチング方式の定電圧電源回路とは，フェライトで構成された高周波トランスを使用し，トランジスタを高周波でスイッチングし，スイッチングのデューティ・サイクルを制御することにより高い変換効率で電圧を安定化するよ

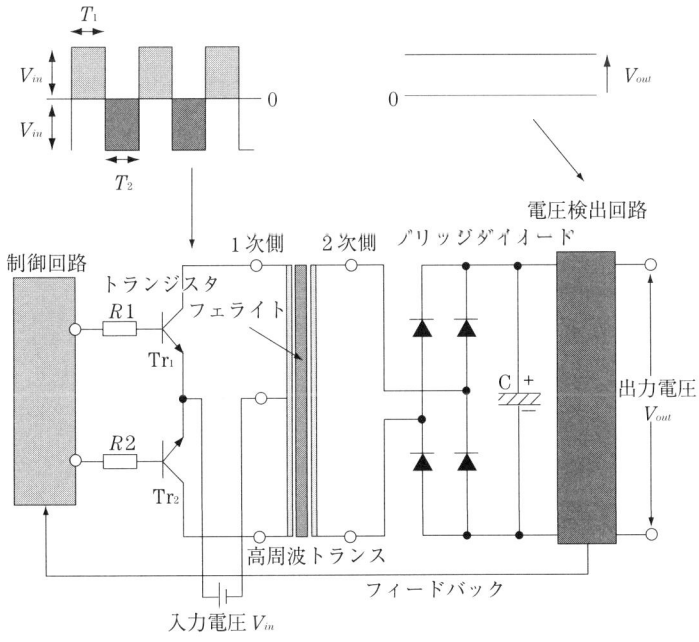

図1-4 スイッチング・レギュレータ方式の定電圧電源回路

うにした定電圧回路のことを言います。このような直流安定化電源方式を"スイッチング・レギュレータ"方式と言います。

スイッチング・レギュレータ方式の定電圧電源回路の概念図を**図1-4**に示します。

入力電圧V_{in}を制御されたデューティ・サイクル（T_1, T_2）でトランジスタ（Tr_1, Tr_2）をスイッチングし，高周波トランスで電圧変換した後，全波整流回路で整流した後に出力電圧V_{out}として取り出します。出力電圧は常時検出，制御回路にフィードバックされ，電圧の変化に応じてトランジスタのスイッチング周波数のデューティを制御し，出力電圧V_{out}を常に一定に保ちます。

また，高周波数でトランジスタを制御し，高周波トランスで電圧変換しているため高い変換効率で，少ない電力損失で定電圧化を実現しています。

2 簡単に構成できる直流安定化電源回路

　定電圧ダイオードの基本的な使用法について説明し，これを使用した直流安定化電源回路を回路構成します。次に，直流安定化電源回路の電圧の安定化を確認するための基本実験をします。また，出力電流をパワーアップするために定電圧ダイオードを2個直列接続した直流安定化電源回路を製作します。

　次に，汎用の3端子レギュレータを使用した市販の正負2電源の直流安定化電源回路のキットを組み立てます。3端子レギュレータの基本について説明した後，安定化電源回路の電圧安定化特性を確認するための実験をします。

2-1　定電圧ダイオードを使用した直流電源回路

　汎用の定電圧ダイオードを使用した出力12Vの直流安定化電源回路を製作します。

　最初に，定電圧ダイオードの基本特性と使用法について説明します。次に，12V定電圧ダイオードを使用した出力容量12V‐30mAクラスの直流電源回路の作り方について説明します。次に，6.2V定電圧ダイオードを2個使用して，出力容量を12V‐60mAにパワーアップした直流電源回路の作り方について説明します。

(1) 定電圧ダイオードの基本特性

　定電圧ダイオードは，別名，ツェナーダイオード（略記号：ZD）と言います。定電圧ダイオードの図記号と電圧（V）‐電流（I）特性を，**図2-1**および**図2-2**に示します。どちらも通常のダイオード（D）と比較して示しています。

　図2-2の電圧（V）‐電流（I）特性において，定電圧ダイオード（ZD）と通常のダイオード（D）は逆方向特性が異なります。通常のダイオードはアノード（A）からカソード（K）方向のみに電流を流し（順方向特性という），逆方向に

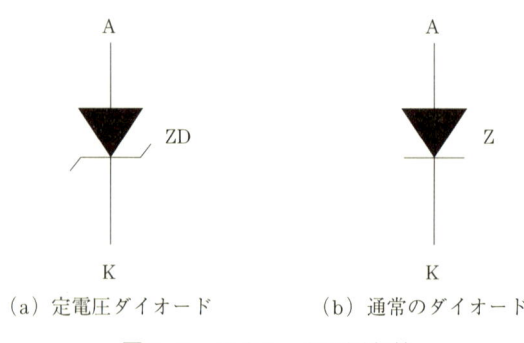

(a) 定電圧ダイオード　　　(b) 通常のダイオード

図2-1　ダイオードの図記号

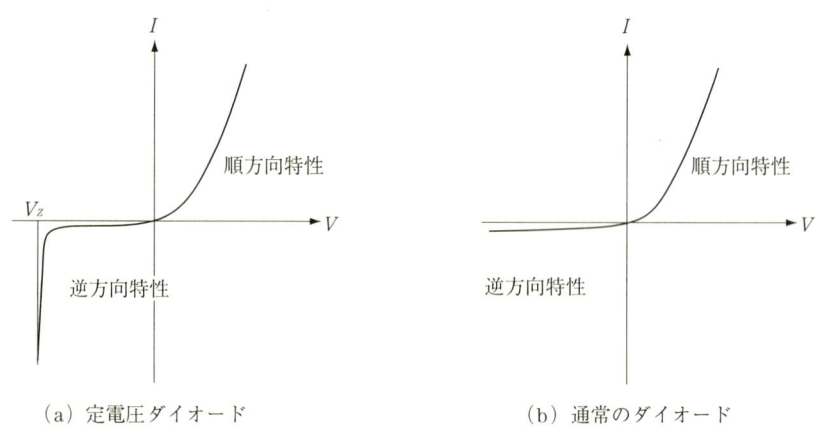

(a) 定電圧ダイオード　　　(b) 通常のダイオード

図2-2　ダイオードの電圧（V）-電流（I）特性

はほとんど流れません（逆方向特性という）。逆方向飽和電流というごくわずかな漏れ電流が流れるのみです。

これに対して，定電圧ダイオード（ZD）は，順方向，逆方向の両方向に電流が流れ，しかも逆方向特性は通常のダイオードと異なります。逆方向電圧を増加したときに，ある限界電圧V_z以上の電圧を加えると図に示すように電流が急激に増加します。この現象を逆電圧降伏と言い，降伏を起こす限界電圧を降伏電圧と言います。

この降伏現象は，電子なだれ降伏やツェナー降伏といった電子増倍現象によ

2-1 低電圧ダイオードを使用した直流電源回路

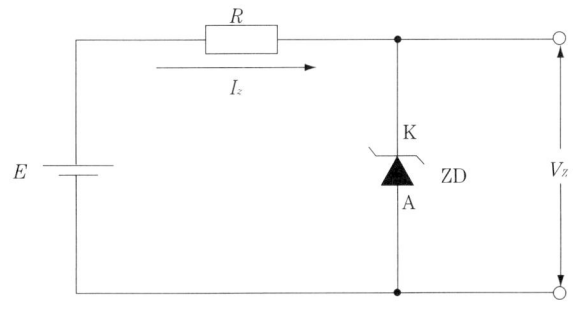

図2-3 定電圧ダイオードの基本回路

って引き起こされます。そして，この現象は熱的に破壊しない限り可逆的に繰り返されます。

定電圧ダイオードはこの特性を利用したもので，逆方向電圧を加えていったときに流れる電流にかかわらず，常に一定の電圧V_zを得るようにしたものです。この一定の電圧を"ツェナー電圧"と言います。

次に，定電圧ダイオードの基本的な使用法を説明します。

定電圧ダイオードの基本回路を図2-3に示します。抵抗Rと定電圧ダイオードZD（ツェナー電圧V_z）の直列回路を直流電源Eに接続します。定電圧ダイオードは，電流がカソード側からアノード側に流れるように逆方向に接続します。

このとき，定電圧ダイオードに流す電流（ツェナー電流という）I_zは次式で求めます。

$$I_z = \frac{E - V_z}{R} \tag{2-1}$$

市販の定電圧ダイオードは，多くの種類がありますが，測定条件として電流値I_zを流したときのツェナー電圧V_zと最大電力損失Pが指定されています。

抵抗値Rは次のようにして決めます。

電源電圧$E = 15$Vで，定電圧ダイオード$V_z = 12$V（$I_z = 20$mA）を使用した場合は，抵抗Rの値は

$$20\text{mA} = \frac{15\text{V} - 12\text{V}}{R}$$

から

$$R = \frac{3\text{V}}{20\text{mA}} = 150\,\Omega$$

となります。

電源電圧Eが変動し，電流I_zが変化しても，一定の出力電圧V_zを得ることができます。

(2) DC12V-30mA直流電源回路の製作

AC100VからDC12V-30mAを取り出す直流安定化電源回路を製作します。

使用する定電圧ダイオードは，NEC製RD12F（**写真2-1**，**図2-4**，**表2-1**，**表2-2**および**図2-5**）です。最大電力損失$P = 1\text{W}$，ツェナー電圧$V_z = 12\text{V}$（$I_z = 20\text{mA}$）の汎用の定電圧ダイオードです。

定電圧ダイオードRD12Fを使用した直流安定化電源の実験回路を**図2-6**に示します。

交流電圧を可変するためにスライダックを使用します。電源トランス（出力容量12VA，1次側AC100V，2次側AC12V）の2次側には整流ダイオード（1N4005，500V-1A）のブリッジ回路と電解コンデンサC（3300μF）からなる整流回路を接続します。

整流回路の出力側には，抵抗R（100Ω，1W）と定電圧ダイオードZD

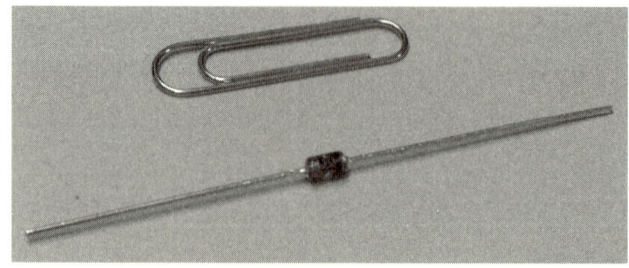

写真2-1 定電圧ダイオード（RFシリーズ）

2-1 低電圧ダイオードを使用した直流電源回路

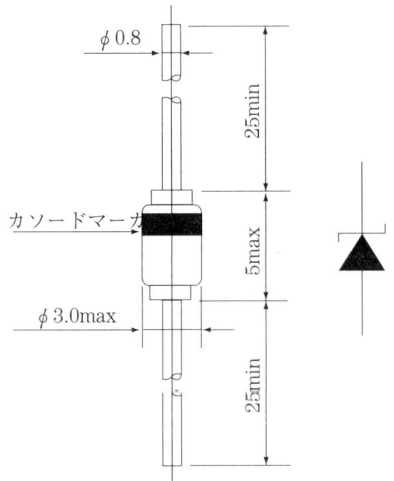

図2-4 定電圧ダイオード（RFシリーズ）の寸法図（単位：mm）

表2-1 定電圧ダイオードRF12F（RF6.2F）の最大定格（$Ta=25℃$）

電流損失	P	1W
順方向電流	I_F	200mA
ジャンクション温度	T_j	175℃
保存温度	T_{stg}	$-65℃\sim+175℃$

表2-2 定電圧ダイオードRF12Fの電気特性（$Ta=25℃$）

項　目	記　号	最　小	標　準	最　大	測定条件
ツェナー電圧	V_Z (V)	11.50	-	12.09	$I_Z=20$mA
動作抵抗	Z_Z (Ω)	-	-	8	$I_Z=20$mA
V_Zの温度係数	γ_Z (mV/℃)	-	8.0	-	-
逆方向特性	$I_{R\max}$ (μA)	-	-	10	$V_R=8$V

19

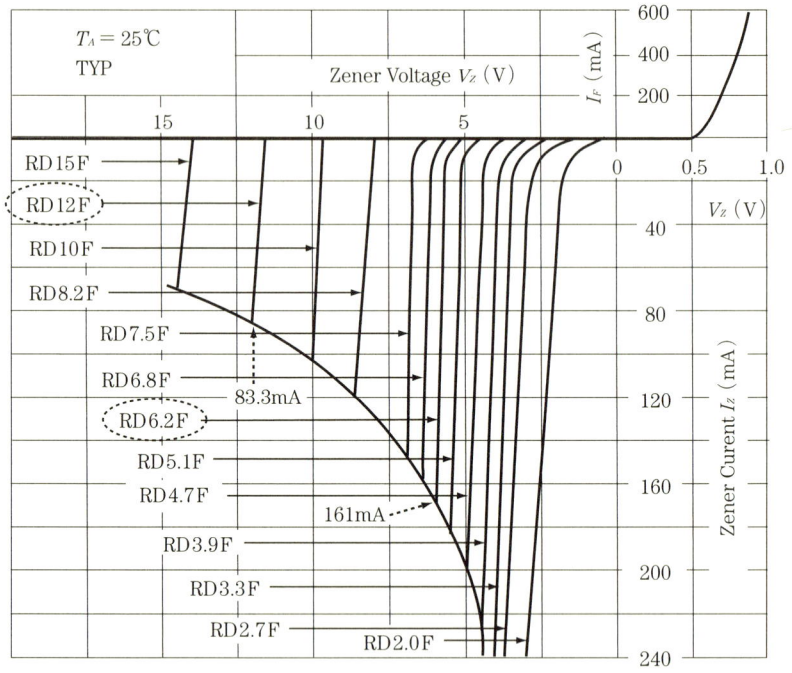

図2-5　定電圧ダイオードRFシリーズのV_z-I_z特性

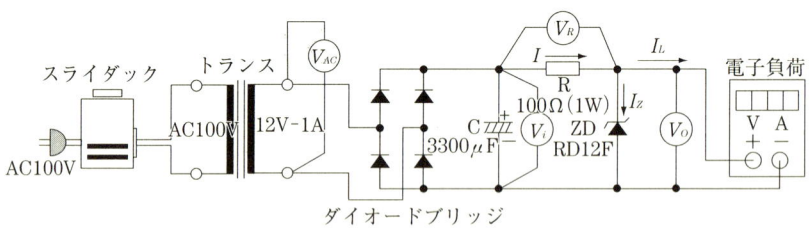

図2-6　定電圧ダイオードRD12Fを使用した実験回路

（RD2F）の直列回路を接続し，定電圧ダイオードの出力側に直流負荷となる電子負荷装置を接続します。

抵抗Rの選択は次のようにして決めます。

使用する定電圧ダイオードは最大電力損失P = 1W，ツェナー電圧V_F = 12V

なので，流せるツェナー電流I_zの最大値は

$$I_z = \frac{1\text{W}}{12\text{V}} = 83.3\text{mA}$$

となります。この値は，図2-5のV_z-I_z特性からも読み取ることができます。

図2-6の回路では，定電圧ダイオードに流すツェナー電流I_zを，余裕をみて最大値の約半分の

$$I_z = 40\text{mA}$$

とします。

電解コンデンサの端子電圧を$V_i(=E)=16$Vとすると，式（2-1）から抵抗Rの値は，

$$R = \frac{16\text{V} - 12\text{V}}{40\text{mA}} = 100\,\Omega$$

となります。抵抗の熱損失は

$$P = 40\text{mA}^2 \times 100\,\Omega = 0.16\text{W}$$

となります。

したがって，実験回路に使用する抵抗Rは，

$100\,\Omega$（1W）

としました。

最初の実験は，電源トランスの入力電圧AC100Vを一定にして，電子負荷に流れ込む負荷電流I_Lを可変したときに，電解コンデンサの端子電圧V_i，抵抗Rの端子電圧V_R，出力電圧V_o（ツェナー電圧V_zに相当）を測定します。

このとき抵抗Rの端子電圧V_Rから抵抗Rに流れる電流$I\left(=\dfrac{V_R}{R}=\dfrac{V_R}{100\,\Omega}\right)$

と，この電流Iと負荷電流I_Lから定電圧ダイオードに流れるツェナー電流I_z（$=I-I_L$）を計算で求めます。

ブレッドボード上で，ダイオードブリッジ，電解コンデンサ，抵抗，定電圧ダイオードを使用して回路を配線します（**写真2-2**）。テスタ，使用機器を含めた測定全景を**写真2-3**に示します。

測定結果と計算結果をまとめて，**表2-3**と**図2-7**および**図2-8**に示します。

第2章　簡単に構成できる直流安定化電源回路

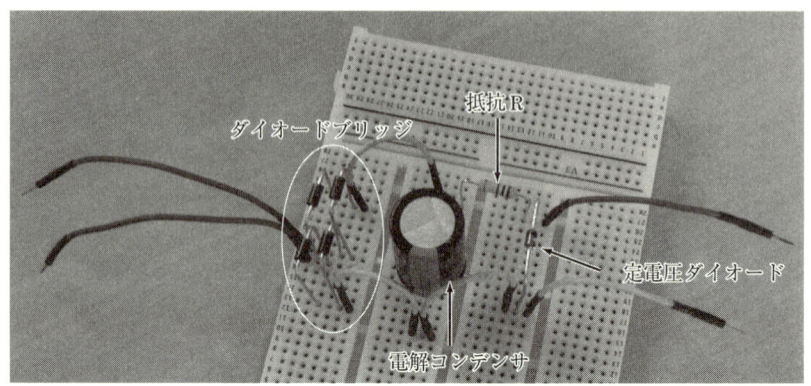

写真2-2　ブレッドボードに回路を配線した定電圧回路

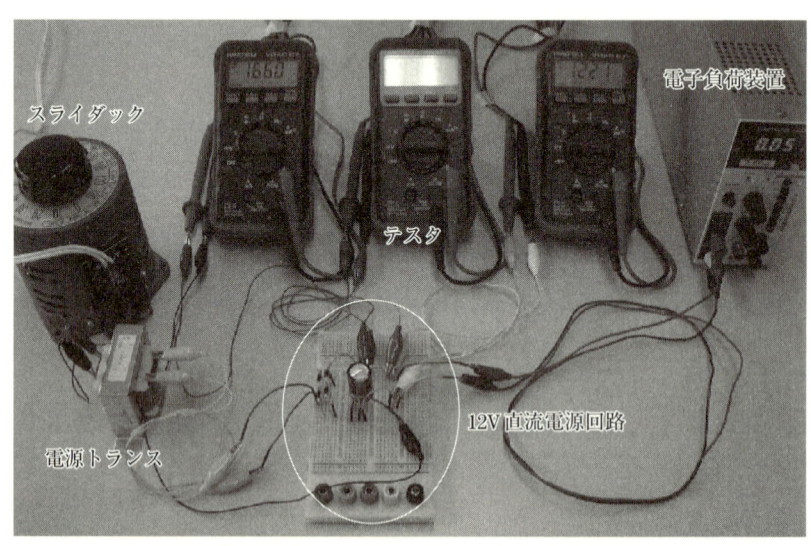

写真2-3　定電圧ダイオードを使用した実験回路全景

2-1 低電圧ダイオードを使用した直流電源回路

表2-3 RD12Fを使用した12V直流電源回路の測定値(負荷電流を可変した場合)

負荷電流 I_L (mA)	入力電圧 V_i (V)	端子電圧 V_R (V)	合成電流 I (mA)	ツェナー電流 I_Z (mA)	出力電圧 V_o (V)
0	16.65	4.46	44.6	44.6	12.17
10	16.59	4.52	45.2	35.2	12.11
20	16.61	4.59	45.9	25.9	12.04
30	16.60	4.67	46.7	16.7	11.92
40	16.56	4.80	48.0	8.0	11.77
50	16.57	5.42	54.2	4.2	11.75
60	16.39	6.21	62.1	2.1	10.32
70	16.21	7.19	71.9	1.9	9.03
80	16.11	8.15	81.5	1.5	8.34
90	16.04	9.12	91.2	1.2	7.33
100	15.84	10.09	100.9	0.9	6.04

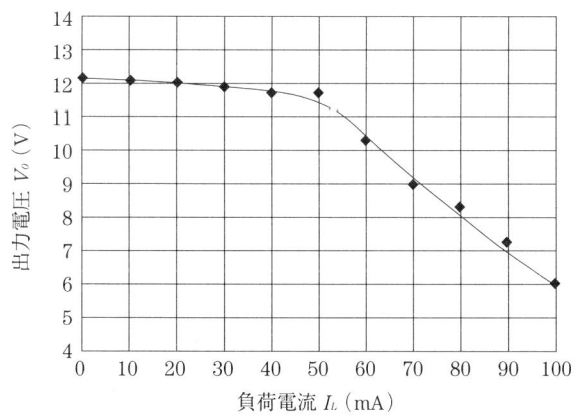

図2-7 負荷電流I_L-出力電圧V_o(ツェナー電圧V_Z)の関係(RD12Fの場合)

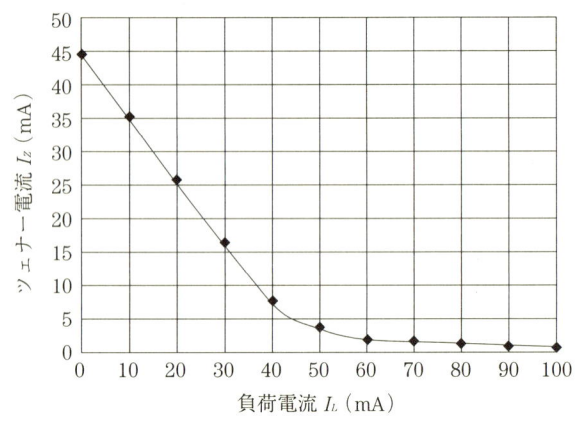

図2-8 負荷電流I_L-ツェナー電流I_Zの関係（RD12Fの場合）

測定結果から次のことが言えます。

- 負荷電流I_Lがある閾値になると，出力電圧V_O（ツェナー電圧V_Z）が急に低下してくる。
- 製作した直流電源回路の場合は，負荷電流I_Lが0～40mA（このときのツェナー電流I_Z=8mA）の範囲内では，ツェナー電圧V_Zは12Vほぼ一定値を保つ。
- V_Z値を12Vに保つためには，あるレベル以上のツェナー電流を流すことが必要である。上記の実験の場合は，5mA以上のツェナー電流が必要となる。

次に，負荷電流を一定にして，電源トランスの入力電圧を可変したときの出力電圧（ツェナー電圧）を測定します。

スライダックで電源トランスの入力電圧をAC85V～AC115V（AC100V±15%）の範囲で可変します。負荷電流はI_L=20mAと30mA一定にした場合の2種類について測定します。

測定結果を**表2-4**および**図2-9**に示します。

測定結果から，負荷電流I_Lが20mA，30mAいずれの場合も，交流電圧がAC100V±10%（AC90V～AC110V）変化させた場合，出力電圧V_O（ツェナー電圧V_Z）は表2-2のV_Zの範囲からほぼ一定値を保っていると言えます。

以上の測定結果から，図2-6の直流電源回路の仕様は，下記のように決定す

表2-4 RD12Fを使用した12V直流電源回路の測定値（交流電圧を可変した場合）

交流電流 V_{AC} (V)	出力電圧 V_o (V)	
	$I_L = 20\text{mA}$	$I_L = 30\text{mA}$
85	11.76	11.59
90	11.84	11.70
95	11.92	11.79
100	12.01	11.88
105	12.08	11.97
110	12.17	12.05
115	12.26	12.14

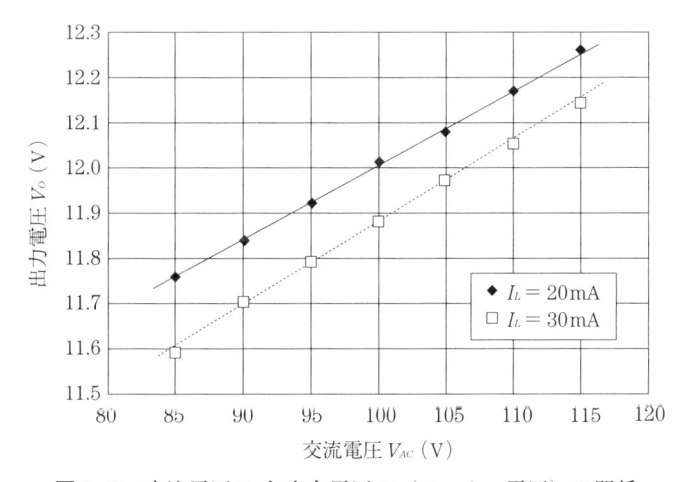

図2-9 交流電圧V_{AC}と出力電圧V_o（ツェナー電圧）の関係

ることができます。

　　入力電圧：AC100V±10%

　　出力電圧：DC12V$\pm^{0.4\%}_{2.5\%}$

　　出力電流：30mA（max）

(3) DC12V-60mA直流電源回路の製作

　定電圧ダイオードRD6.2Fを2個使用して出力電流が2倍の60mA取れる直流安定化電圧回路を製作します。RD6.2Fは最大電力損失$P=1\text{W}$，ツェナー電

第2章 簡単に構成できる直流安定化電源回路

表2-5 定電圧ダイオードRD6.2Fの電気特性（$Ta=25℃$）

項　目	記　号	最　小	標　準	最　大	測定条件
ツェナー電圧	V_Z（V）	5.98	—	6.33	$I_Z=40$mA
動作抵抗	Z_Z（Ω）	—	—	6	$I_Z=40$mA
V_Zの温度係数	γ_Z（mV/℃）	—	1.5	—	—
逆方向特性	I_{Rmax}（μA）	—	—	20	$V_R=40$mA

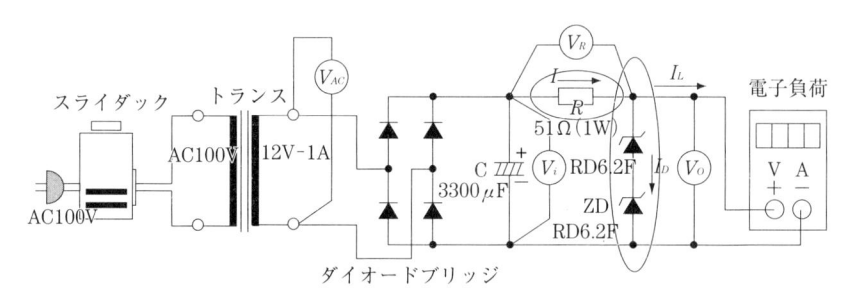

図2-10　定電圧ダイオードRD6.2を2個使用した実験回路

圧$V_Z=6.2$V（$I_Z=40$mA）の定電圧ダイオードです（**表2-5**）。外形寸法，最大定格はRF12Fと同じです（写真2-1，図2-4，表2-1および図2-5参照）。

実験回路を**図2-10**に示します。

電源トランスと2次側に接続した整流回路は図2-6と同じです。整流回路の出力側は，抵抗R（51Ω，1W）を介して，定電圧ダイオードZD（RD6.2F）を2個直列接続します（**写真2-4**）。

抵抗$R=51$Ωの選択は次のようにして決めます。

使用する定電圧ダイオードは最大電力損失$P=1$W，$V_F=6.2$Vなので流せるツェナー電流I_Zの最大値は

$$I_Z = \frac{1\text{W}}{6.2\text{V}} = 161\text{mA}$$

となります。この値は，図2-5のV_Z-I_Z特性からも読み取ることができます。

実際に，定電圧ダイオードに流すツェナー電流I_Zを，余裕をみて最大値の約

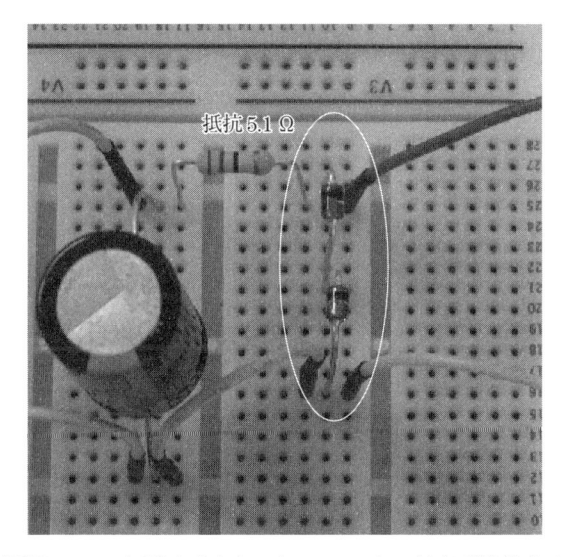

写真2-4 定電圧ダイオードRD6.2Fを2個直列接続する

半分の

$$I_z = 80\mathrm{mA}$$

とします。

電解コンデンサの端子電圧を$V_i(=E)=16$Vとすると，式（2-1）から抵抗Rの値は，

$$R = \frac{16\mathrm{V} - 12\mathrm{V}}{80\mathrm{mA}} = 50\,\Omega$$

となります。抵抗の熱損失は

$$P = 80\mathrm{mA}^2 \times 50\,\Omega = 0.32\mathrm{W}$$

となります。

したがって，実験回路に使用する抵抗Rは，

$$51\,\Omega\,(1\mathrm{W})$$

としました。

最初に，電源トランスの入力電圧AC100Vを一定にして，電子負荷に流れ込む負荷電流I_Lを可変し，電解コンデンサの端子電圧V_i，抵抗Rの端子電圧V_R，

出力電圧V_O（ツェナー電圧V_Zに相当）を測定します．また，同様に，抵抗Rに流れる電流I_Z $\left(=\dfrac{V_R}{R}=\dfrac{V_R}{51\Omega}\right)$と定電圧ダイオードに流れるツェナー電流$I_Z$（$=I-I_L$）を計算で求めます．

測定結果と計算結果をまとめて，表2-6と図2-11および図2-12に示します．図はRD12Fの場合と対比して示しています．

測定結果から次のことが言えます．

・負荷電流I_Lがある閾値になると，出力電圧V_O（ツェナー電圧V_Z）が急に低下してくる．
・製作した直流電源回路の場合は，負荷電流I_Lが0～70mA（このときのツェナー電流I_Z＝10mA）の範囲内では，ツェナー電圧V_Zは12Vとほぼ一定値を保つ．
・ツェナーダイオードRD6.2Fを2個使用することにより，RD12Fを1個使用した場合と比較して，一定のV_Z値を補償する負荷電流を多く取ることができる．

表2-6 RD6.2Fを使用した12V直流電源回路の測定値（負荷電流を可変した場合）

負荷電流 I_L (mA)	入力電圧 V_i (V)	端子電圧 V_R (V)	合成電流 I (mA)	ツェナー電流 I_Z (mA)	出力電圧 V_O (V)
0	16.03	3.86	75.7	75.7	12.16
10	16.01	3.88	76.0	66.0	12.17
20	16.01	3.89	76.4	56.4	12.11
30	16.00	3.91	76.7	46.7	12.08
40	15.99	3.93	77.1	37.1	12.07
50	15.97	3.95	77.4	27.4	12.01
60	15.96	3.99	78.2	18.2	11.96
70	15.95	4.08	79.9	9.9	11.88
80	15.88	4.31	84.5	4.5	11.58
90	15.83	4.80	94.2	4.2	11.28
100	15.81	5.26	103.1	3.1	10.34

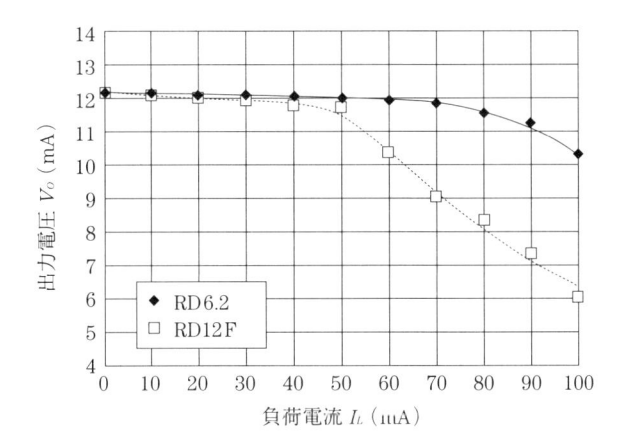

図2-11 負荷電流 I_L - 出力電圧 V_o（ツェナー電圧 V_Z）の関係

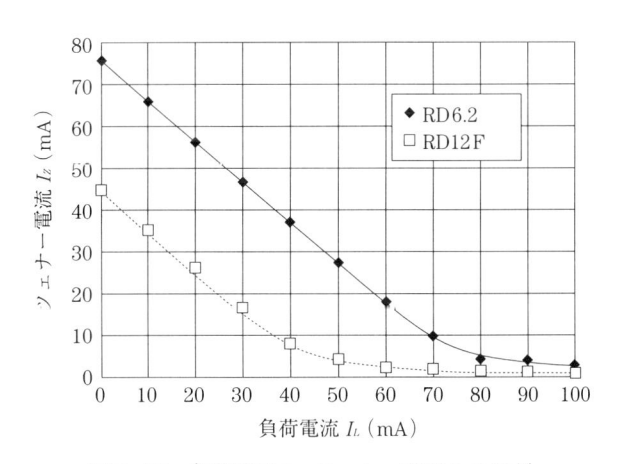

図2-12 負荷電流 I_L - ツェナー電流 I_Z の関係

　次に，RD12Fの場合と同様に，負荷電流を一定にして，電源トランスの入力電圧を可変したときの出力電圧（ツェナー電圧）を測定します。
　スライダックで電源トランスの入力電圧をAC85V〜AC115V（AC100V＋15％）の範囲で可変します。負荷電流は I_L ＝ 40mAと60mA一定にした場合の2種類について測定します。

測定結果を**表2-7**および**図2-13**に示します。

測定結果から，負荷電流I_Lが40mA，60mAいずれの場合も，交流電圧がAC100V±10%（AC90V〜AC110V）変化させた場合，出力電圧V_O（ツェナー電圧V_Z）は表2-5のV_Zを2倍にした範囲であると言えます。

以上の測定結果から，FD6.2Fを2個使用した定電圧電源回路の仕様は，下

表2-7　RD6.2Fを使用した12V直流電源回路の測定値（交流電圧を可変した場合）

交流電圧	出力電圧 V_O (V)	
V_{AC} (V)	I_L = 40mA	I_L = 60mA
85	11.71	10.78
90	11.85	11.63
95	11.93	11.87
100	11.98	11.93
105	12.04	11.99
110	12.09	12.04
115	12.14	12.09

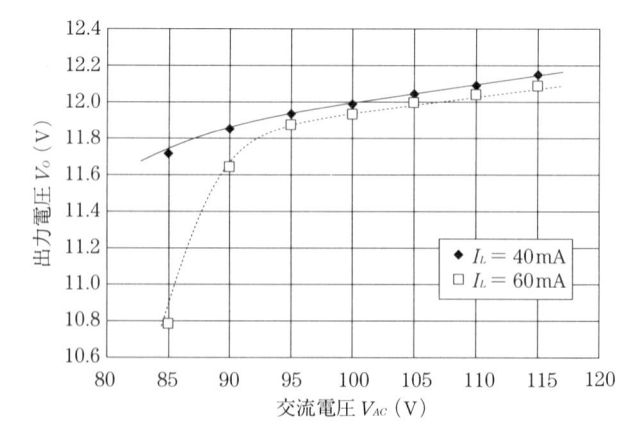

図2-13　交流電圧V_{AC}と出力電圧V_O（ツェナー電圧V_Z）の関係

記のように決定することができます。

  入力電圧：AC100V±10%
  出力電圧：DC12V±$^{0.3\%}_{3\%}$
  出力電流：60mA（max）

2-2 3端子レギュレータを使用した直流電源回路

　汎用の3端子レギュレータを使用した市販の直流安定化電源回路のキットを組み立て，出力電圧を測定します。最初に，3端子レギュレータの基本と使用法ついて説明します。次に，実際にキットを組み立て，電源トランスに接続したときの出力電圧を測定します。

(1) 3端子レギュレータ

　3端子レギュレータとは，3本の端子を持つ安定化電源用ICのことです。汎用の3端子レギュレータの概観（Top View）を**図2-14**および**写真2-5**に示します。このようなICの概観をTO-220パッケージと言います。通常，放熱フィンに取り付けて使用します。型式は正電源用が7800シリーズで，負電源用が7900シリーズになります。どちらも最大1Aの電流を流すことができます。出力電圧は5V，6V，7V，8V，9V，10V，12V，15V，18V，24V用の10種類があります。

　12V用の型式表記はそれぞれ7812，7912になります。

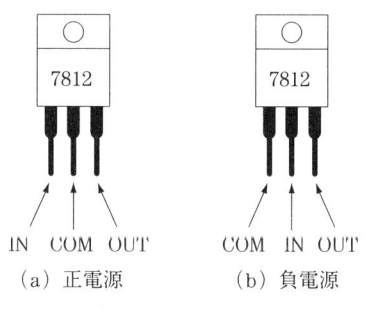

    （a）正電源   （b）負電源

図2-14 3端子レギュレータ（TO-220）

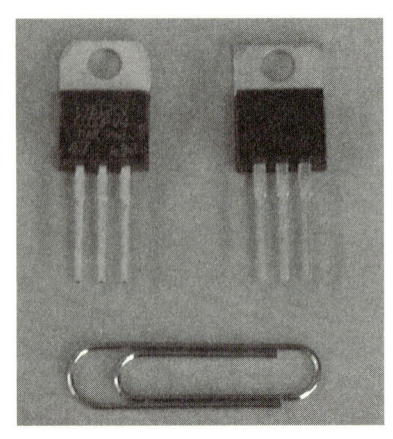

第2章 簡単に構成できる直流安定化電源回路

写真2-5 市販の3端子レギュレータ（左7812，右7912）

3端子レギュレータの基本回路を**図2-15**に示します。入力側のコンデンサC1はコンデンサ容量が大きい電解コンデンサを使用します。入力側の電源仕様によりますが，通常，数$100\mu F$～数$1000\mu F$を使用します。出力側のコンデンサは数$10\mu F$程度の容量の小さい電解コンデンサを使用します。

また，回路の発振防止用に，入出力コンデンサC1，C2と並列に電源ICの端子近くに$0.1\mu F$以下のコンデンサ（セラミックコンデンサやマイラコンデンサ）を接続することが推奨されます。

7800シリーズと7900シリーズの定格・仕様を**表2-8**に，7812と7912の代表的な電気的特性を**表2-9**に示します。

(2) 3端子安定化電源回路のキットを組み立てる

使用した電源キットは，谷岡電子製「2電源安定化電源回路JPS-0162TR」です。±12Vの正負の2電源回路を1枚の基板上に組み立てます。

部品表を**表2-10**に示します（**写真2-6**）。

電源回路の出力容量の最大定格を200mAとすれば，プリント基板実装用の電源トランスとして菅原電機製SL-15200（15V-0-15V，200mA）が推奨されますが，本書では通常のビス止め用の電源トランス（15V-0-15V，200mA）を使用しました。

32

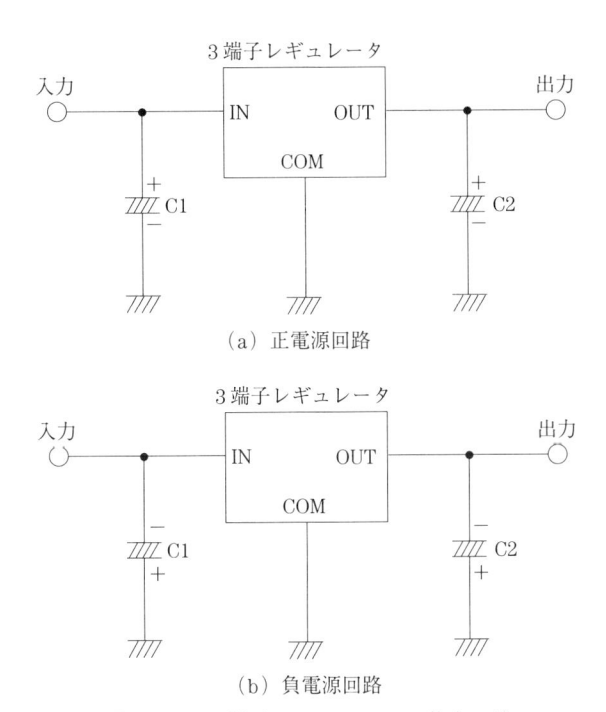

2-2 3端子レギュレータを使用した直流電源回路

(a) 正電源回路

(b) 負電源回路

図2-15 3端子レギュレータの基本回路

表2-8 7800シリーズと7900シリーズの定格・仕様

項　目		定格および仕様
出力電圧 V_o	(正電圧)	5, 6, 7, 8, 9, 10, 12, 15, 18, 20, 24V
	(負電圧)	$-5, -6, -7, -8, -9, -10, -12, -15,$ $-18, -20, -24$V
出力電圧 I_{OUT} (max)		1A
入力電圧 V_{IN} (max)		35V（出力電圧5V～18V），40V（出力電圧20V, 24V）
保護機能		過電流制限回路
		熱遮断回路
		ASO保護回路
パッケージ		TO-220
熱抵抗	$R_{th\,(j-c)}$	3.0℃／W（typ）
	$R_{th\,(j-a)}$	60℃／W（typ）
保存温度		$-55℃～+150℃$

33

表2-9 7812と7912の電気的特性

項 目		最 小	標 準	最 大	単 位	測定条件
出力電圧 V_O	（正電圧）	11.5	12.0	12.5	V	$T_J = 25℃$
	（負電圧）	－11.5	－12.0	－12.5	V	
入出力間電圧 V_{I-O}	（正電圧）	－	2.0	2.5	V	$I_{OUT} = 1.0A$
	（負電圧）	－	1.1	2.3	V	$T_a = 25℃$
I_{short}	（正電圧）	－	0.75	1.2	A	$V_{IN} = 35V$
	（負電圧）	－	－	1.2	A	$T_J = 25℃$
$I_{out\ (Peak)}$	（正電圧）	1.3	2.2	3.3	A	$T_J = 25℃$
	（負電圧）	1.3	2.1	3.3	A	

測定条件：$V_{IN} = 19V$, $I_{out} = 500mA$, C_{IN} (C1) $= 0.33\mu F$, C_{OUT} (C2) $= 0.1\mu F$, $-55℃ \leq T_J \leq 150℃$

表2-10 電源キットJPS-0162TRの部品表

部品記号	部分名	形式／仕様	数 量	備 考
D1～D4	整流ダイオード	GP15D, 200V-1.5A	4個	
IC1	3端子レギュレータ	7812	1個	正電圧
IC2	3端子レギュレータ	7912	1個	負電圧
C1, C2	電解コンデンサ	2,200 μF (35V)	2個	
C3, C4	電解コンデンサ	100 μF (25V)	2個	
C3, C4	セラミックコンデンサ	0.022 μF	2個	223
－	放熱器	－	2個	ヒートシンク
－	ビス，ワッシャ	3ϕ	2個	
－	ハトメ	小	5個	

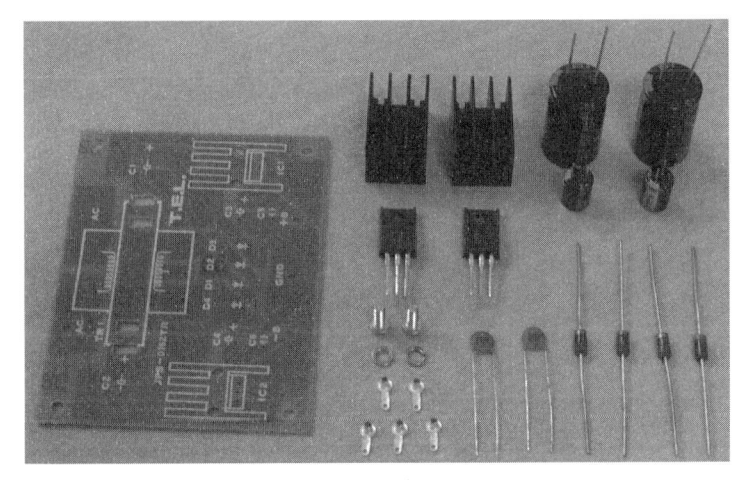

2-2 3端子レギュレータを使用した直流電源回路

写真2-6 電源キットJPS-0162TRの電子部品

　キットの回路図を**図2-16**に示します。

　最初に，2個の3端子レギュレータを放熱器にビスとワッシャを用いて取り付けます（**写真2-7**）。次に，プリント基板の部品マーカを見ながら放熱器付き3端子レギュレータと他の電子部品を取り付けていきます（**写真2-8**）。電子部品の足はプリント基板の裏面ではんだ付けします。

　すべての電子部品を取り付けた後に，電源トランスの2次側とプリント基板の実装トランス2次側を別に用意したリード線で接続します（**写真2-9**）。

　これでキットの組み立てが完成します。

　次に，製作した安定化電源回路の電圧測定を行います。

　スライダックから電源トランスの1次側にAC100V（一定）を加えます。このとき安定化電源回路の出力側に電子負荷装置を接続し，出力電流I_Lを可変したときの出力電圧V_Oを測定します。また，同時に，トランスの2次側電圧$V2_{AC}$と電解コンデンサC1の端子電圧V_{DC}をそれぞれ測定します。

　測定結果を**表2-11**および**図2-17**に示します。

　測定結果から，負荷電流（出力電流）が200mAまでは，出力電圧が正，負極共にほぼ12V一定であることがわかります。

35

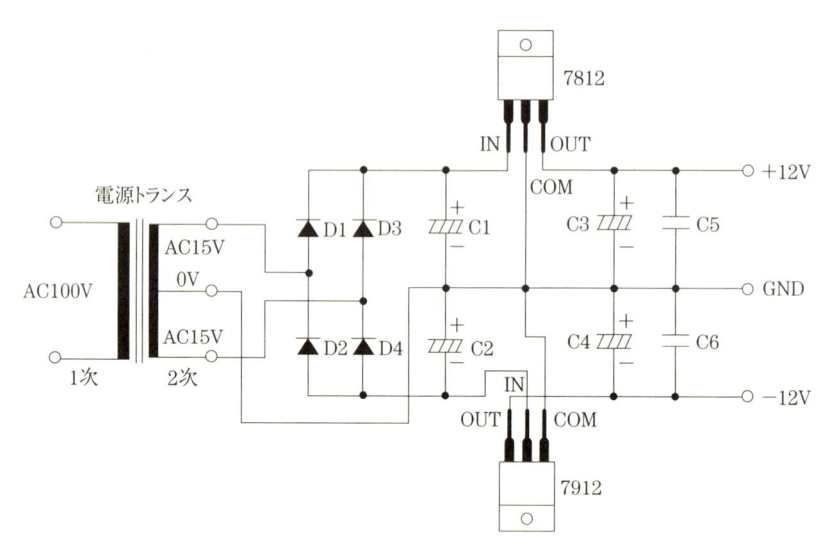

第2章　簡単に構成できる直流安定化電源回路

図2-16　2電源安定化電源回路JPS-0162TRの回路図

写真2-7　3端子レギュレータを放熱器に取り付ける

2-2 3端子レギュレータを使用した直流電源回路

写真2-8 放熱器付き3端子レギュレータ,整流ダイオード,電解コンデンサを取り付ける

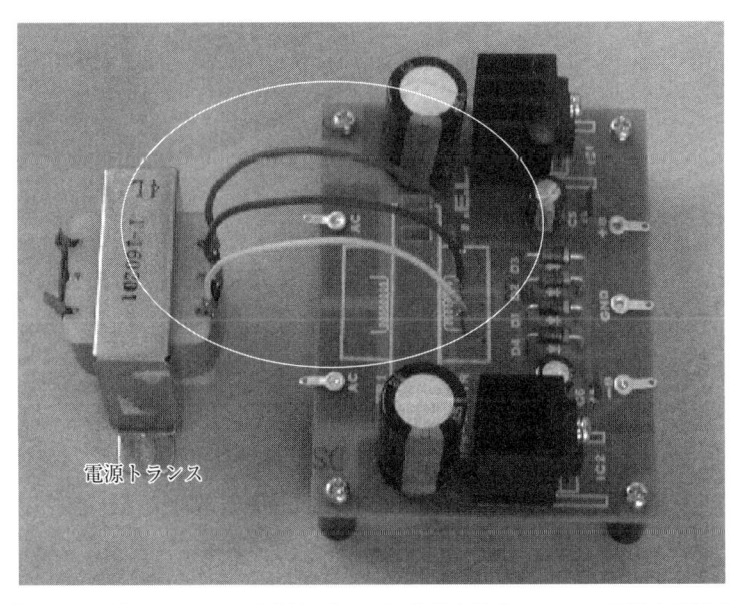

写真2-9 電源トランス2次側とプリント基板実装トランス2次側を接続する

第2章 簡単に構成できる直流安定化電源回路

表2-11　±12V直流安定化電源回路の各電圧設定

負荷電流 I_L (A)	トランス2次側電圧 $V2_{AC}$ (V)	コンデンサ端子電圧 V_{DC} (V)	出力電圧 V_O (V) 正電圧	負電圧
0	19.2	24.98	12.09	−11.99
0.10	17.37	18.43	12.09	−11.99
0.15	16.49	15.92	12.09	−11.99
0.20	15.68	14.01	12.08	−11.98
0.21	15.52	13.60	11.77	−11.98
0.22	15.19	13.01	11.76	−11.98
0.24	14.96	12.30	10.95	−11.44
0.26	14.41	11.54	10.20	−10.74
0.29	14.15	10.79	9.38	−9.82
0.30	13.68	10.02	8.57	−9.14

トランス1次側電圧：AC100V，2次側容量：AC15V-200mA

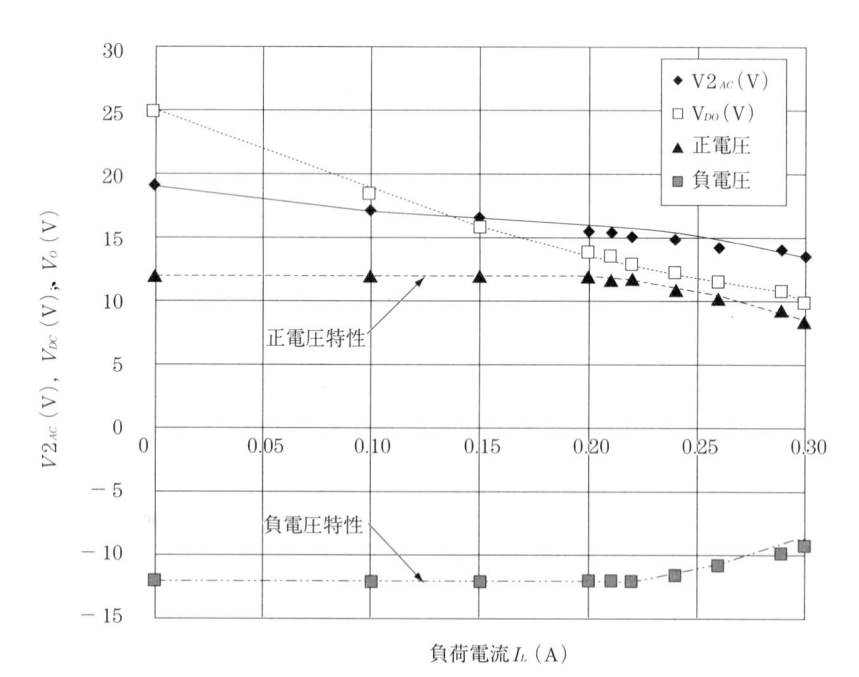

図2-17　±12V安定化電源回路の各電圧測定

3 AC-DCコンバータとレギュレータIC

　一般に，AC-DCコンバータとは，交流電圧を入力し，直流の出力電圧を得るようにした電圧変換器のことを言います。本章で使用するAC-DCコンバータは，1パッケージにモジュール構成された電源モジュールで，電源トランスを使用しないで交流電圧を直接コンバータに加え，安定化した直流電圧を出力します。

　レギュレータICとは，安定化電源用ICの1つで，3端子レギュレータの基本機能にいくつかの機能を付加した多機能型の電源用ICです。

　本章ではAC-DCコンバータとレギュレータICの具体的な使用例について実験例を用いて説明します。

3-1 AC-DCコンバータ

　使用するAC-DCコンバータは，ローム製BP5038A1（**写真3-1**および**図3-1**）の非絶縁型AC DCコンバータです。同社のAC DCコンバータには多くのバリエーションがあります。コンバータの入力側と出力側がトランスなどで絶縁されていない回路構成を一般に非絶縁型と言います。これに対して，入出力間が絶縁されている回路構成を絶縁型と言います。

　AC100Vを入力することにより，DC5V-30mAの出力電圧を得ることができます。基本仕様を**表3-1**と**表3-2**に示します。推奨回路を**図3-2**に示します。

　推奨回路の各部品を以下に列記します。

・ZNR：バリスタ（雷サージや静電気から保護する）
・C1：入力平滑用コンデンサ（耐圧200V以上，$3.3\mu F \sim 22\mu F$，フィルムコンデンサまたはセラミックコンデンサ）
・C2：雑音端子電圧低減用コンデンサ（耐圧200V以上，$0.1\mu F \sim 0.22\mu F$，フ

第3章　AC-DCコンバータとレギュレータIC

写真3-1　ローム製BP5038A1

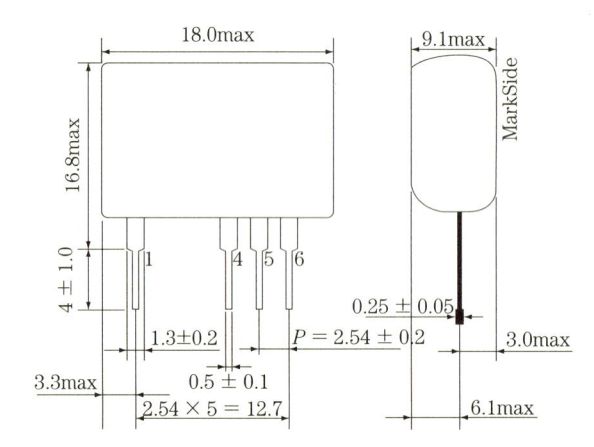

図3-1　BP5038A1の外形寸法図（単位：mm）

端子番号	端子定義
1	入力端子 V_i
2	N.C.
3	N.C.
4	COMMON
5	COMMON
6	出力端子 V_o

表3-1　BP5038A1の絶対最大定格

項　目	記　号	値	単　位
入力電圧	V_i	170	V
出力電流	I_o	30	mA
静電破壊耐量	V_{surge}	2	kV
動作温度範囲	T_{opr}	$-20 \sim +80$	℃
保存温度範囲	T_{stg}	$-20 \sim +80$	℃

3-1 AC-DCコンバータ

表3-2 BP5038A1の電気的特性

項　目	記号	最小	標準	最大	標準	測定条件
入力電圧範囲	V_i	113	141	170	V	DC（80〜120V_{AC}相当）
出力電圧	V_O	4.7	5.0	5.3	V	$V_i=141V$, $I_O=15mA$
出力電流	I_O	0	-	30	mA	$V_i=141V$
ラインレギュレーション	V_r	-	0.1	0.3	V	$V_i=113〜170V$, $I_O=15mA$
ロードレギュレーション	V_l	-	0.15	0.3	V	$V_i=141V$, $I_O=0〜15mA$
出力リップル電圧	V_p	-	0.05	0.15	V_{p-p}	$V_i=141V$, $I_O=15mA$
電力交換効率	η	25	33	-	%	$V_i=141V$, $I_O=30mA$

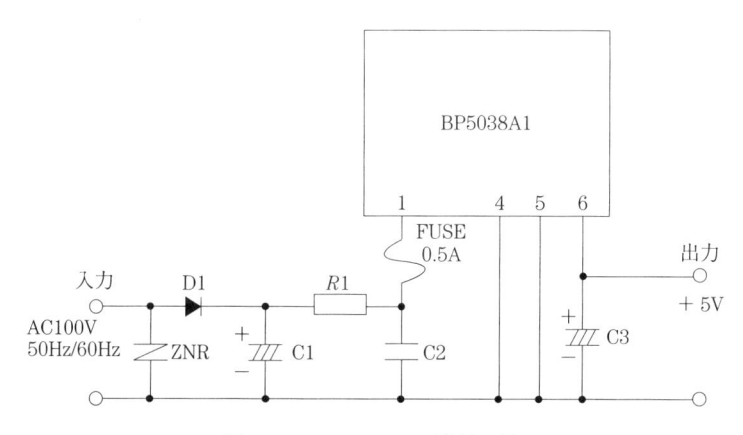

図3-2 BP5038A1の推奨回路

ィルムコンデンサまたはセラミックコンデンサ）
・C3：出力平滑用コンデンサ（電解コンデンサ，100μF〜470μF，耐圧25V以上）
・D1：整流用ダイオード（整流電流0.5A以上，逆方向電圧400V以上，サージ電流20A以上）
・R1：雑音端子電圧低減用抵抗（10Ω〜22Ω（1/4W〜1/2W））

　次に，推奨回路を参考にして具体的な実験回路を構成し，出力電圧-電流特性と入力電圧-出力電圧特性について実験をします．

　実験回路を図3-3に示します．

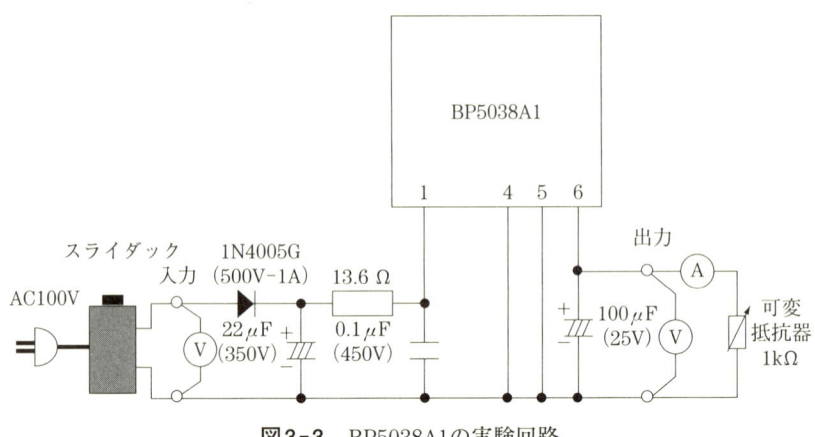

第3章　AC-DCコンバータとレギュレータIC

図3-3　BP5038A1の実験回路

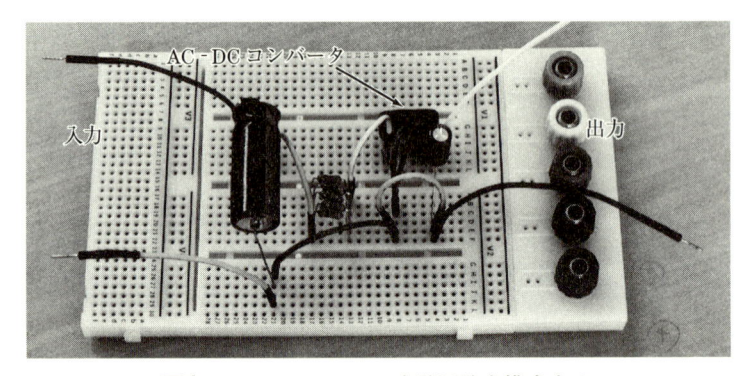

写真3-2　BP5038A1の実験回路を構成する

　ブレッドボード上に構成した実験回路を**写真3-2**に示します。使用した部品（D1，C1，C2，C3，R1）の各定数は図中に図示しています。バリスタ（ZNR）は実験回路なので使用していません。入力電圧はスライダックを使用して可変します。出力側には，可変抵抗（1kΩ）を接続し，出力電圧と出力電流の関係を測定します。入出力側に接続した電圧計と電流計はテスタを使用しています。
　測定結果を**表3-3**および**表3-4**に示します。実験全景を**写真3-3**に示します。
　表3-3は，入力電圧AC100V一定にした状態で，出力電流を0〜30mAの範囲

表3-3　BP5038A1の出力電圧-電流特性

出力電流 （mA）	出力電圧 （V）
0	4.98
5	4.98
10	4.99
15	4.99
21	4.98
25	4.97
30	4.97

表3-4　BP5038A1の入-出力電圧特性

入力電圧 （V_{AC}）	出力電圧 （V）
80	4.96
100	4.98
110	4.98

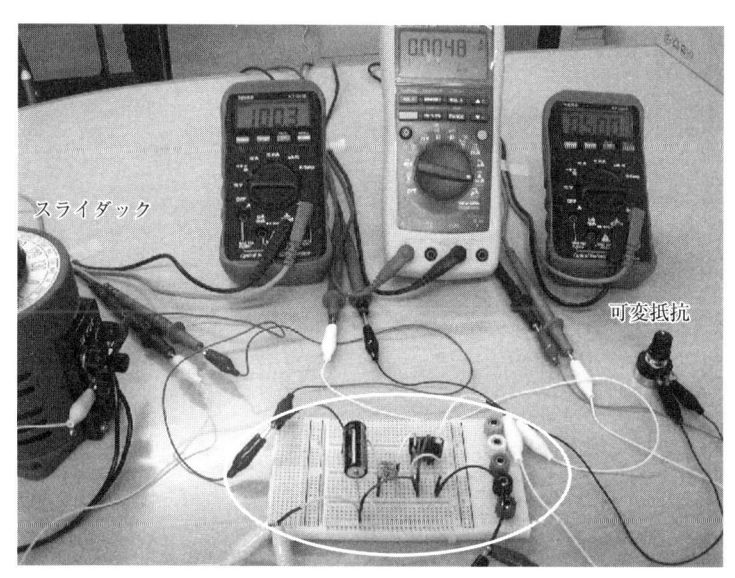

写真3-3　BP5038A1の実験回路全景

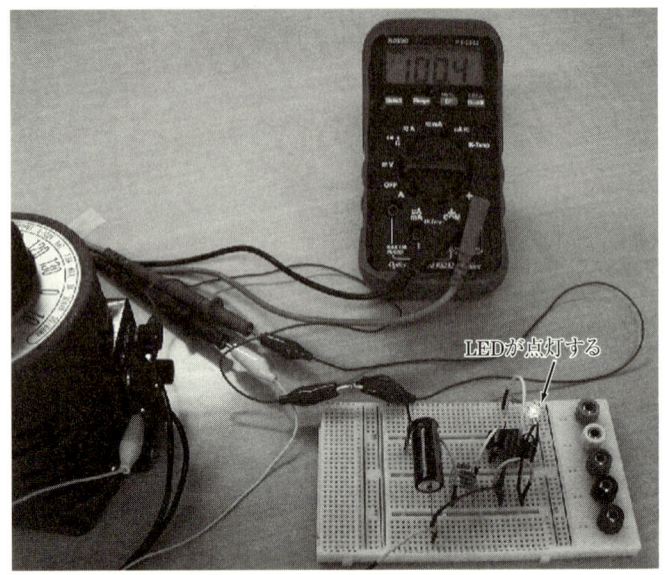

写真3-4 AC100Vからドライブ回路を通してLEDを点灯する

で可変したときの出力電圧の測定結果です。出力電流の大きさによらず出力電圧はほぼ一定（DC5V）であることがわかります。

　表3-4は，出力電流を一定（20mA）にして，入力電圧をAC80V～AC110Vの範囲で可変したときの出力電圧の測定結果です。表3-2の電気的特性の入力電圧範囲内であれば，入力電圧が変化しても出力電圧は一定であることがわかります。

　上の実験回路の出力端子に抵抗（470Ω）とLEDの直列回路を接続すると，LEDが点灯します（**写真3-4**）。AC100Vの交流入力からLEDを直接点灯することができるLEDドライブ回路を構成することができます。

3-2　レギュレータIC

　使用するレギュレータICはサンケン電気製SI-3010KFE（**写真3-5**および**図3-4**）です。低消費電力，低損失型ドロッパ方式のレギュレータICです。このICの特徴として，出力電圧を可変することができます。また，出力制御端

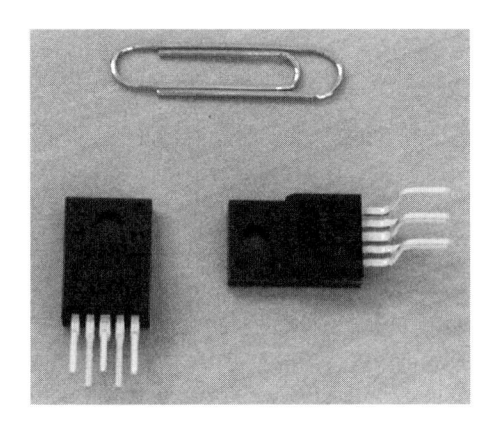

写真3-5　サンケン電気製SI-3010KFE

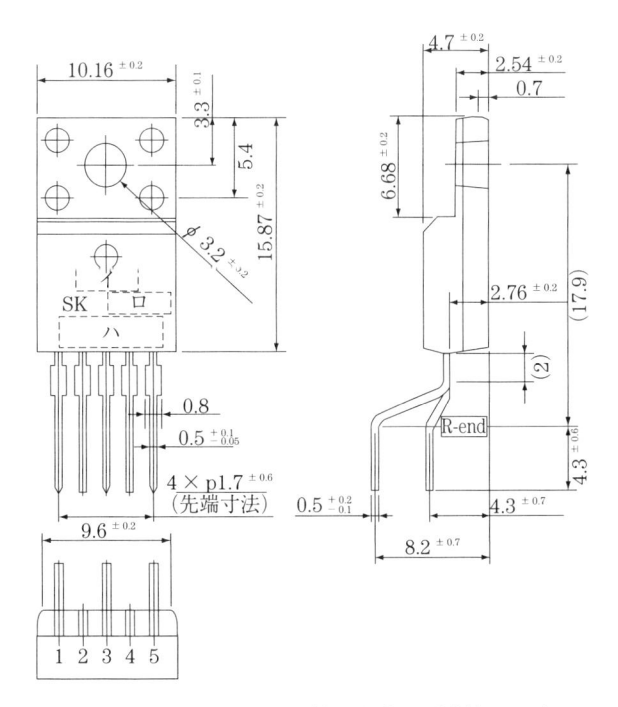

図3-4　SI-3010KFEの外形寸法図（単位：mm）

子から出力電圧をON-OFFすることができます。

基本仕様を**表3-5**～**表3-7**に示します。推奨回路を**図3-5**に示します。

レギュレータIC SI-3010KFEの特徴を以下に列記します。

（1）小型フルモードパッケージ（TO-220相当）
（2）出力電流1.0A
（3）低損失（入出力電圧差V_{DIF}≦0.5V（I_O＝1.0A））
（4）高リップル率75dB，低消費オフ時回路電流I_O(OFF)≦1μA
（5）過電流，過熱保護回路内蔵

推奨回路の各部品を以下に列記します。

・C_{IN}：入力コンデンサ（22μF以上）
・C_O：出力コンデンサ（47μF以上）
・D1：逆バイアス保護用ダイオード（入出力間が逆バイアスになる場合に必要）
・$R1$，$R2$：出力電圧設定用抵抗（出力電圧V_Oの調整用）

$R2$＝10kΩを推奨

$R1$は次式から算出する。

$$R1 = \frac{V_O - V_{ADJ}}{V_{ADJ}/R2}$$

V_O＝5V，V_{ADJ}＝2.5Vとすると，$R1 = \frac{5V - 2.5V}{2.5V/10k\Omega} = 10k\Omega$が得られる。

・$R3$：V_O≦1.5Vに設定する場合は，抵抗（推奨100kΩ）を挿入する

次に，推奨回路を参考にして，具体的な実験回路を構成します。その後，出力電圧-電流特性について実験をします。

実験回路を**図3-6**に示します。ブレッドボード上に構成した実験回路を**写真3-6**に示します。使用した部品（C1，C2，R1，R2）の各定数は図中に図示しています。逆バイアス保護用ダイオードD1は実験回路なので使用していません。

入力側は直流電源DC6Vに接続します。出力側の抵抗$R1$は可変抵抗（100kΩ）を使用し，出力電圧をDC5Vに調整します。出力側には電子負荷を接続し，出力電流I_Lを変えていったときの出力電圧V_Oを測定します。

表3-5　SI-3010KFEの絶対最大定格

項　目	記　号	定格値	単　位	測定条件
直流入力電圧	V_{IN}	35	V	
出力制御端子電圧	V_C	V_{IN}	V	
出力電流	I_O	1.0	A	
許容損失	PD1	16.6	W	無限大放熱板使用時
	PD2	1.72	W	放熱板なし，自立使用時
接合部温度	T_j	$-40 \sim +125$	℃	
保存温度	T_{stg}	$-40 \sim +125$	℃	
動作周囲温度	T_{OP}	$-40 \sim +100$	℃	
接合部　ケース間熱抵抗	θ_{j-c}	6	℃/W	
接合部－周囲空気間熱抵抗	θ_{j-a}	58	℃/W	放熱板なし，自立使用時

表3-6　SI-3010KFEの推奨動作条件

項　目	記　号	定格値	単　位
入力電圧範囲	V_{IN}	$2.4 \sim 27$	V
出力電流範囲	I_O	$0 \sim 1.0$	A
出力電圧可変範囲	V_{OADJ}	$1.1 \sim 16$	V
動作時周囲温度	T_{OP}	$-30 \sim +85$	℃
動作時接合部温度	T_j	$-20 \sim +100$	℃

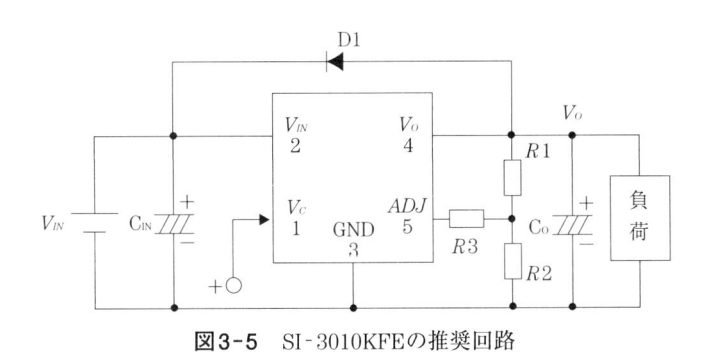

図3-5　SI-3010KFEの推奨回路

表3-7　SI-3010KFEの電気的特性

項　目		記号	規格値			単位	条　件
			最小	標準	最大		
設定基準電圧		V_{ADJ}	0.98	1.00	1.02	V	$V_{IN}=7V$, $I_O=0.01A$, $V_C=2V$, $V_O=5V$
ラインレギュレーション		ΔV_{OLINE}	—	—	30	mV	$V_{IN}=6\sim 15V$, $I_O=0.01A$, $V_C=2V$, $V_O=5V$
ロードレギュレーション		ΔV_{OLOAD}	—	—	75	mV	$V_{IN}=7V$, $I_O=0\sim 1A$, $V_C=2V$, $V_O=5V$
入出力電圧差		V_{DIF}	—	—	0.3	V	$I_O=0.5A$, $V_C=2V$, $V_O=5V$
			—	—	0.5	V	$I_O=1.0A$, $V_C=2V$, $V_O=5V$
静止時回路電流		Iq	—	—	600	μA	$V_{IN}=7V$, $I_O=0A$, $V_C=2V$
オフ時回路電流		$Iq(OFF)$	—	—	1	μA	$V_{IN}=7V$, $I_O=0A$
出力電圧温度係数		$\Delta V_O/\Delta T_a$	—	±0.5	—	mV/℃	$V_{IN}=7V$, $I_O=0.01A$, $V_C=2V$, $T_j=0\sim 100℃$, $V_O=2.5V$
リップル減衰率		R_{REJ}	—	75	—	dB	$V_{IN}=7V$, $I_O=0.1A$, $V_C=2V$, $T_j=100\sim 120Hz$, $V_O=5V$
過電流保護開始電流		I_{S1}	1.1	—	—	A	$V_{IN}=7V$, $V_C=2V$
VC端子	制御電圧（出力ON）	V_C, IH	2	—	—	V	$V_{IN}=7V$
	制御電圧（出力OFF）	V_C, IH	—	—	0.8	V	$V_{IN}=7V$
	制御電流（出力ON）	I_C, IH	—	—	40	μA	$V_{IN}=7V$, $V_C=2V$
	制御電流（出力OFF）	I_C, IL	−5	0	—	μA	$V_{IN}=7V$, $V_C=0V$
過入力遮断電圧		V_{OVP}	33	—	—	V	$I_O=0.01A$

3-2 レギュレータIC

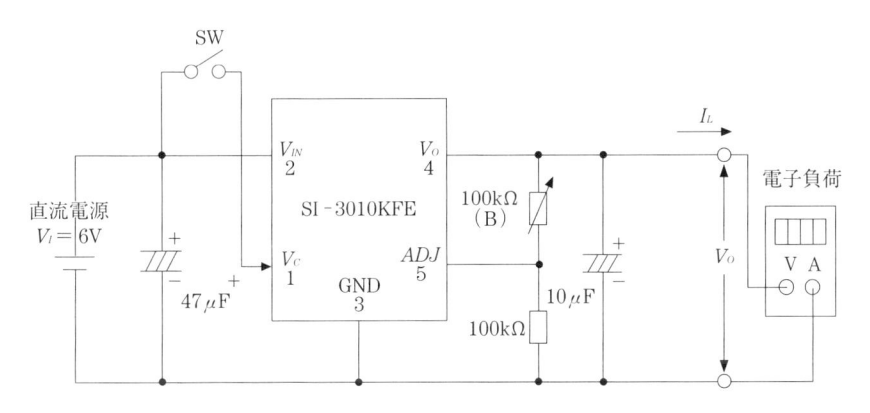

図3-6 SI-3010KFEの実験回路

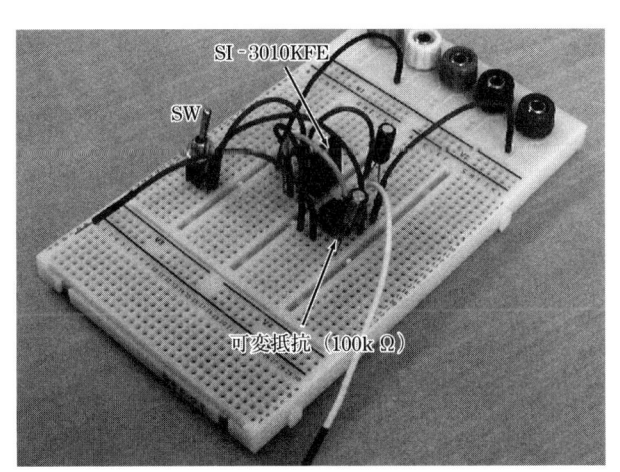

写真3-6 SI-3010KFEの実験回路を構成する

最初に，トグルスイッチSWをONにして出力制御端子V_Cをオン状態にします（**写真3-7**）。SWをOFFにすればV_Cがオープンになり，出力V_Oはオフになります。

次に，可変抵抗（100kΩ）を可変して，無負荷状態で出力電圧を5Vに設定します（**写真3-8**）。実験全景を **写真3-9** に示します。

測定結果を **図3-7** に示します。出力電流I_L＝0.8Aに対して，出力電圧はV_O＝4.72Vが得られ，約5.8％の電圧低下に抑えられています。

最後に，AC-DCコンバータBP5038A1とレギュレータIC SI-3010KFEを組み合わせた電源回路を **図3-8** に示します。レギュレータICの出力端子に，抵抗とLEDの直列回路を接続し，LEDを点灯させます（**写真3-10**）。

携帯電話やデジタルAV機器のACコンセントモジュールはこのような電源回路を内蔵しています。

写真3-7 トグルスイッチSWをONにする

3-2 レギュレータIC

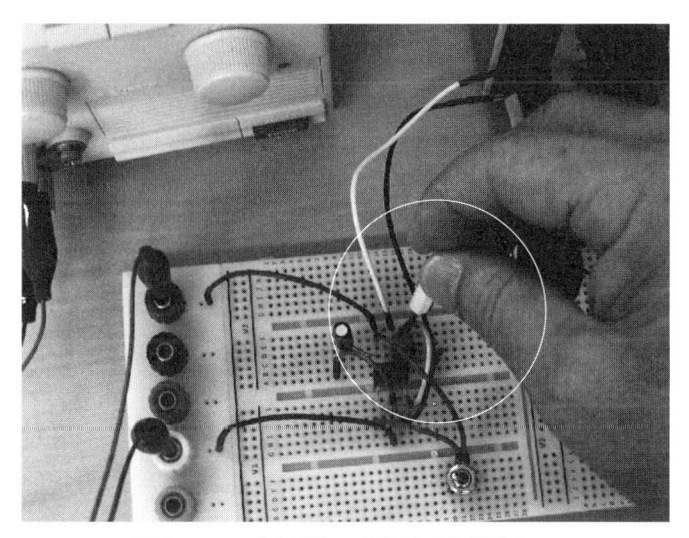

写真3-8 可変抵抗で出力電圧を調整する

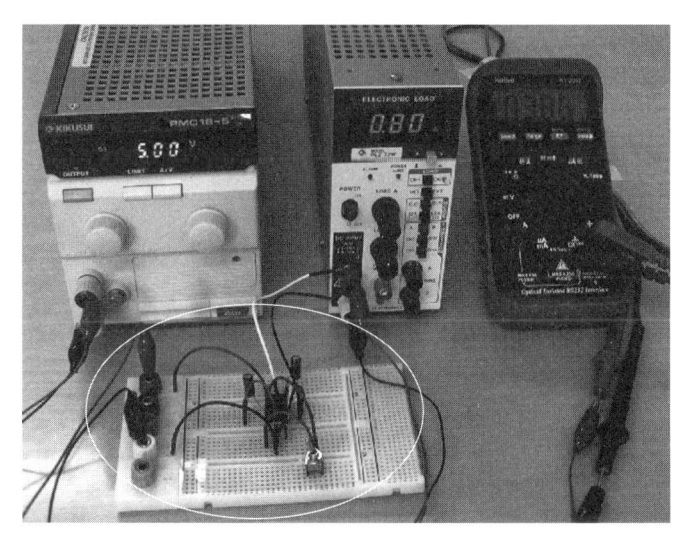

写真3-9 レギュレータICの実験全景

第3章 AC-DCコンバータとレギュレータIC

電流 I_o (A)	電圧 V_o (V)
0	5.01
0.05	4.99
0.10	4.97
0.15	4.96
0.20	4.94
0.25	4.92
0.30	4.90
0.35	4.89
0.40	4.86
0.45	4.84
0.50	4.82
0.55	4.80
0.60	4.79
0.65	4.77
0.70	4.75
0.75	4.73
0.80	4.72

図3-7 SI-3010KFEの出力電圧-電流特性

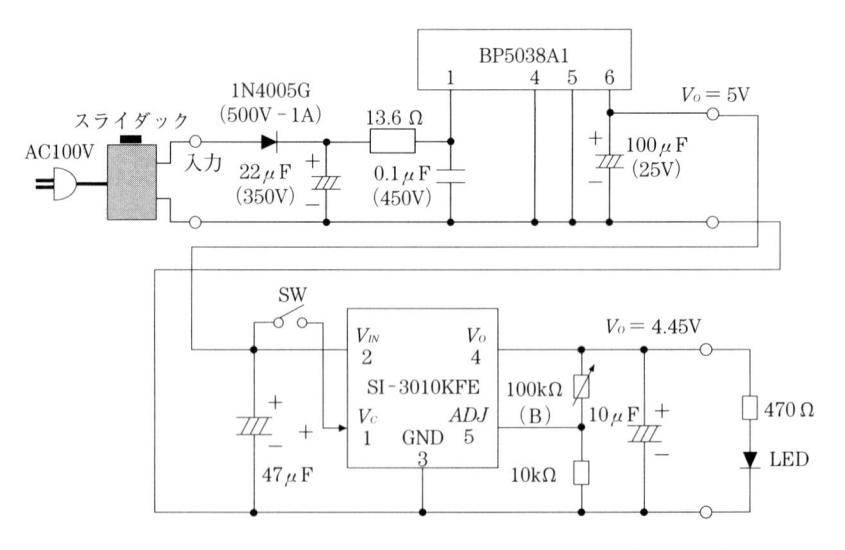

図3-8 AC-DCコンバータとレギュレータICの組み合わせ回路

3-2 レギュレータIC

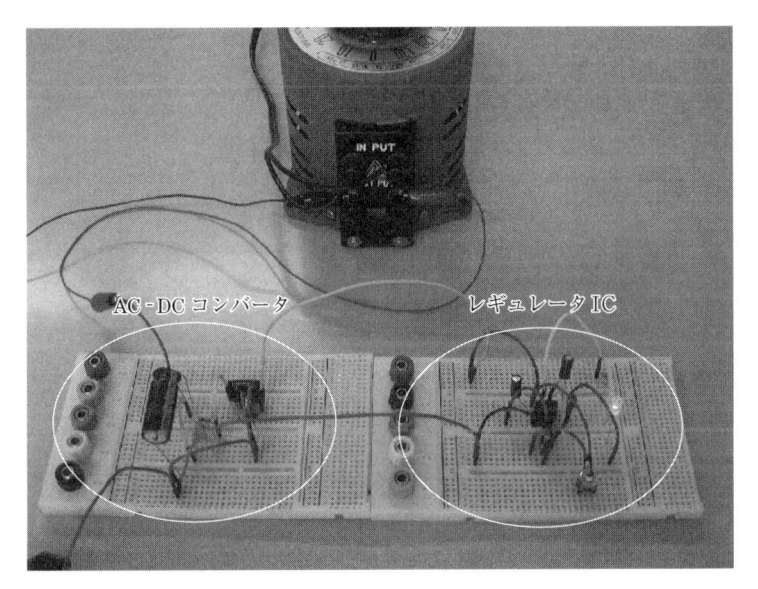

写真3-10 組み合わせ回路でLEDを点灯させる

4 実験用電源組み立てキット

学校教材や個人使用として使われている市販の実験用電源組み立てキットDL‐911について，電源回路構成から具体的な組み立て例について説明します。最初に，出力電圧可変型の3端子レギュレータICを中心に，電源回路の構成について説明します。次に，電源キットに含まれている電子部品を使用して，具体的な組み立て方法について説明します。最後に，組み立てた電源完成品に実際に負荷を接続して，電圧安定と過電流保護機能について実験をします。

4-1 電源組み立てキットの回路構成

実験電源組み立てキットDL‐911（サンハヤト製，**写真4-1**および**図4-1**）の電源回路構成を**図4-2**に示します。

このキットは，切り替えツマミ（ロータリスイッチ）で8段階に出力電圧（1.5V，3V，3.3V，5V，6V，8V，12V，15V）を設定できるようにしたロータリセレクト方式の直流安定化電源です。組み立てキットDL‐911の仕様を**表4-1**に示します。

実験用電源キットDK‐911の主要基板である基板1には，出力電圧可変型のレギュレータICである3端子レギュレータLM317T（**図4-3**および**表4-2**）が接続されています。このICは**図4-4**に示すように2本の抵抗（R_1とR）の比率を変えることにより，R_1を固定にした場合は，Rを可変することにより出力電圧を可変することができます。

出力電圧V_{OUT}は次式から求めることができます。ここで，表4-2から，標準値は$V_{REF}=1.25$V，$I_{ADJ}=50\mu$Aとします。

$$V_{OUT} = V_{REF} \times \left(1 + \frac{R}{R_1}\right) + R \times I_{ADJ}$$

$$= 1.25 \times \left(1 + \frac{R}{R_1}\right) + R \times 50 \times 10^{-6} \tag{4-1}$$

なお，LM317Tは，IC内部に保護機能として，電流制限，熱暴走保護，安全動作領域制限機能を内蔵しており，過負荷による過大な電流が流れたり，異常な熱発生が生じた場合は，これらの機能が働いてICを保護します。

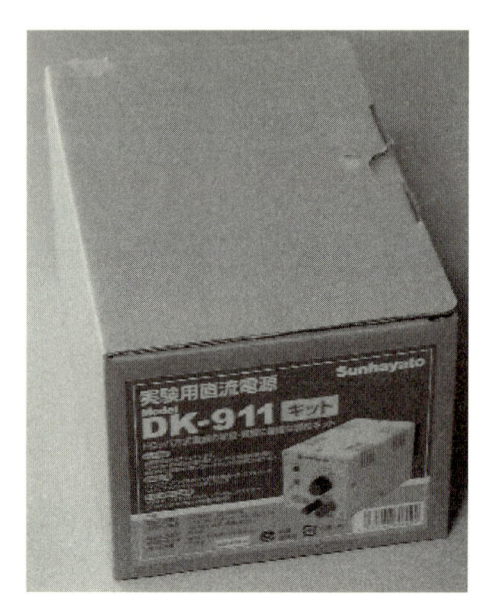

写真4-1 実験用電源組み立てキットDL‐911の包装

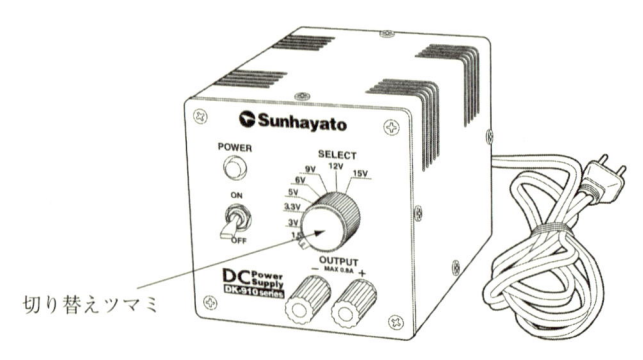

図4-1 実験電源組み立てキットDL‐911の完成品

4-1 電源組み立てキットの回路構成

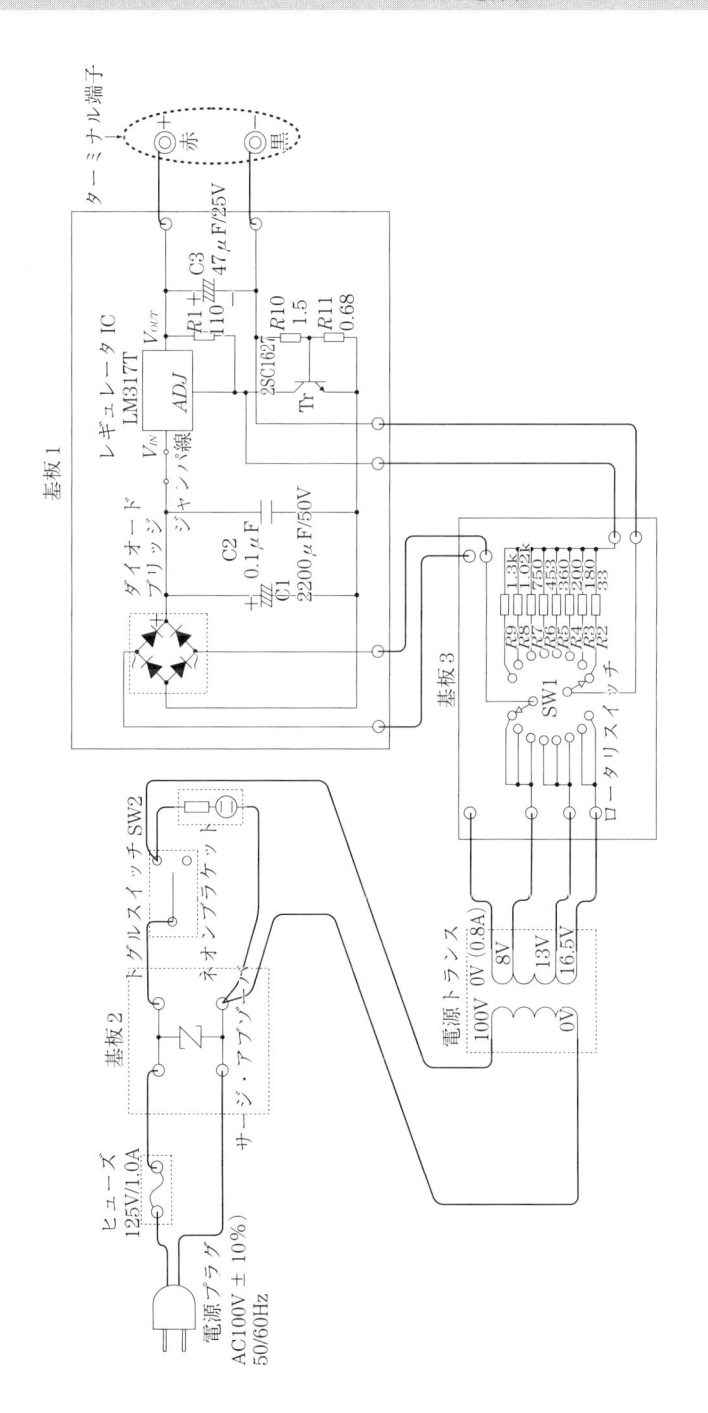

図4-2 実験用電源キット DK-911 の回路構成（図中，抵抗の単位はΩ）

表4-1 実験用電源組み立てキットDL-911の仕様

項　目	内　　容
出力電圧	1.5V, 3V, 3.3V, 5V, 6V, 9V, 12V, 15V
出力電流	0.8A (max)
出力電圧公差	各設定電圧に対して±5% [1]
電源	AC100V 50/60Hz
消費電力	最大100W [1]
回路保護	電流制限回路
ヒューズ	1.0A-125V φ5.2×20mm ガラス管ヒューズ
付属品	組み立て・取扱説明書
寸法	横91mm×高さ93mm×奥行164mm
重量	約1.4kg

*1　周囲温度25℃，負荷400mA時

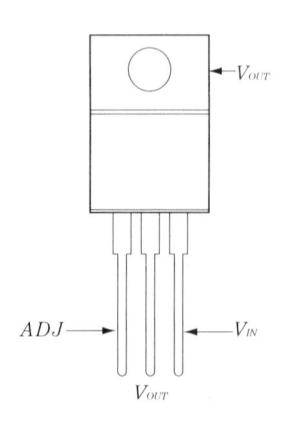

図4-3　3端子レギュレータLM317Tの外形（Top view）

4-1 電源組み立てキットの回路構成

表4-2 3端子レギュレータLM317Tの主な仕様

項　目	記　号	値
最大入出力電圧差	$V_{IN} - V_{OUT}$	$+40$ (V) , -0.3 (V)
出力電流	I_{OUT}	1.5 (A)
消費電力	P_O	15W
調整端子電流	I_{ADJ}	50 (μA)
動作接合部温度	T_J	$0 \sim 125$ (℃)
入力電圧変動	ΔV_O	$0.02 \sim 0.07$ (%/V)
負荷変動		$0.1 \sim 0.5$ (%)
基準電圧	V_{REF}	$1.20 \sim 1.30$ (V)
出力短絡電流	I_{LMT}	2.2 (A)
リップル減衰率	SVR	65 (dB)
ジャンクション-ケース間熱抵抗	θ	4 (℃/W)

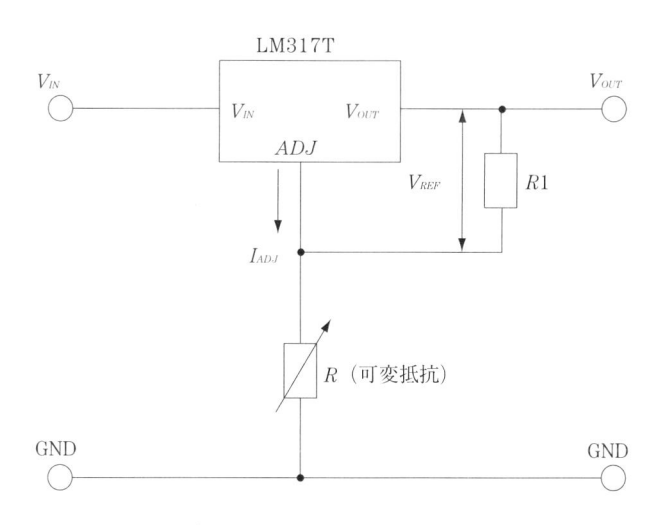

図4-4　3端子レギュレータLM317Tの基本的な使用法

　図4-1の回路構成では，抵抗$R_1 = 110\Omega$を固定にして，ロータリスイッチにより，**図4-4**の抵抗Rに相当する抵抗$R2 = 33\Omega$，$R3 = 180\Omega$，$R4 = 200\Omega$，$R5 = 360\Omega$，$R6 = 453\Omega$，$R7 = 750\Omega$，$R8 = 1.02\text{k}\Omega$，$R9 = 1.3\text{k}\Omega$を切り替えて，出力電圧V_{OUT}を可変するようにしています．

式(4-1)を用いて計算した出力電圧V_{OUT}を**表4-3**に示します。表中には，電源キット組み立て後に，実際に測定した出力電圧値を示しています。計算値と測定値はほとんど同じ値であることがわかります。

ロータリスイッチは，上記抵抗の切り替えと連動して3端子レギュレータLM317Tの入力電圧V_{IN}の切り替えを行います。

切り替える抵抗$R2$〜$R9$と入力電圧V_{IN}，出力電圧V_{IN}，出力電圧V_{OUT}，入出力間電圧$V_{IN}-V_{OUT}$，消費電力P_0の関係を**表4-4**に示します。入力電圧V_{IN}は電源トランス出力端子の整流電圧（電解コンデンサC1の端子電圧）にほぼ等しいとしています。

トランスの出力電圧を切り替えている理由は，3端子レギュレータLM317Tの入出力間電圧$V_{IN}-V_{OUT}$を小さくして消費電力

$$P_0 = (V_{IN} - V_{OUT}) \times 0.8A \tag{4-2}$$

をできるだけ少なくするためです。

表中の消費電力P_0は上記の式(4-2)で計算したものです。最大でも6W以内に抑えています。

このとき，LM317Tで発生する温度を求めてみます。

表4-3 出力電圧V_{OUT}の計算値

$R1$（Ω）	R（Ω）	V_{OUT} (V)	
		計算値	測定値
110	33	1.63	1.63
110	180	3.30	3.31
110	200	3.53	3.53
110	360	5.36	5.37
110	453	6.42	6.45
110	750	9.81	9.86
110	1020	12.89	12.95
110	1300	16.09	16.14

($V_{REF} = 1.25V$, $I_{ADJ} = 50\mu A$)

表4-4 抵抗の切り替えと各電圧，消費電力の関係

抵抗の切り替え	入力電圧 V_{IN} (V)	出力電圧 V_{OUT} (V)	入出力間電圧 $V_{IN}-V_{OUT}$ (V)	消費電力 P_O (W)
$R2 = 33\ \Omega$	8	1.63	6.4	5.1
$R3 = 180\ \Omega$	8	3.30	4.7	3.8
$R4 = 200\ \Omega$	8	3.53	4.5	3.6
$R5 = 360\ \Omega$	13	5.36	7.6	6.1
$R6 = 453\ \Omega$	13	6.42	6.6	5.3
$R7 = 750\ \Omega$	13	9.81	3.2	2.6
$R8 = 1.02\mathrm{k}\Omega$	16.5	12.89	3.6	2.9
$R9 = 1.3\mathrm{k}\Omega$	16.5	16.09	0.4	0.3

LM317Tのジャンクション-ケース間熱抵抗は，表4-2から4℃/Wなので，LM317Tの温度上昇は，

$$\Delta t = 4\ ℃/W \times 6\ W = 24\ ℃$$

になります。

　実際の電源使用状態を想定して，周囲温度を30℃とすると，LM317Tの発熱温度は$t=30+24=54$℃になります。この温度はLM317Tの動作接合部温度（0～125℃）の範囲内にあるので使用上安全であると言えます。また，実際のキット組み立てでは，ケース背面にヒートシンクを取り付け，LM317Tで発生した熱をヒートシンクで放熱するようにしています。

　次に，電源の過電流保護回路について説明します。

　3端子レギュレータLM317Tの調整端子ADJを直接回路のグランド側（電源端子のマイナス側）に落とすことによって，過大な負荷に対してほとんど電流を流さないように出力電圧を1.2V程度に下げる電気的なシャットダウン機能を備えています。

　負荷に過電流が流れたときに，この機能を自動的に働かせるようにした回路部分を図4-5に示します。

　図4-5の過電流保護回路を書き直したものを図4-6に示します。

　負荷に過電流I_Lが流れると，シャント抵抗$R11$（0.68Ω）の端子電圧V_R

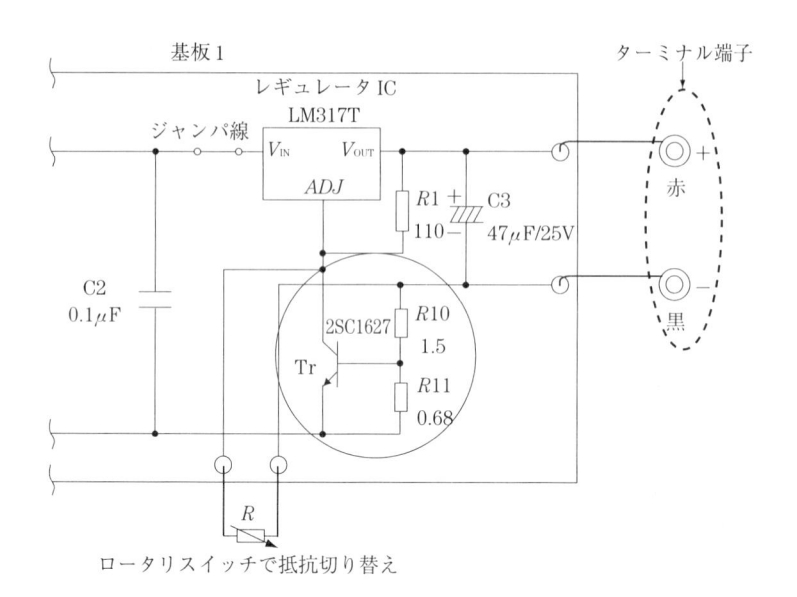

図4-5 トランジスタを使用した過電流保護回路

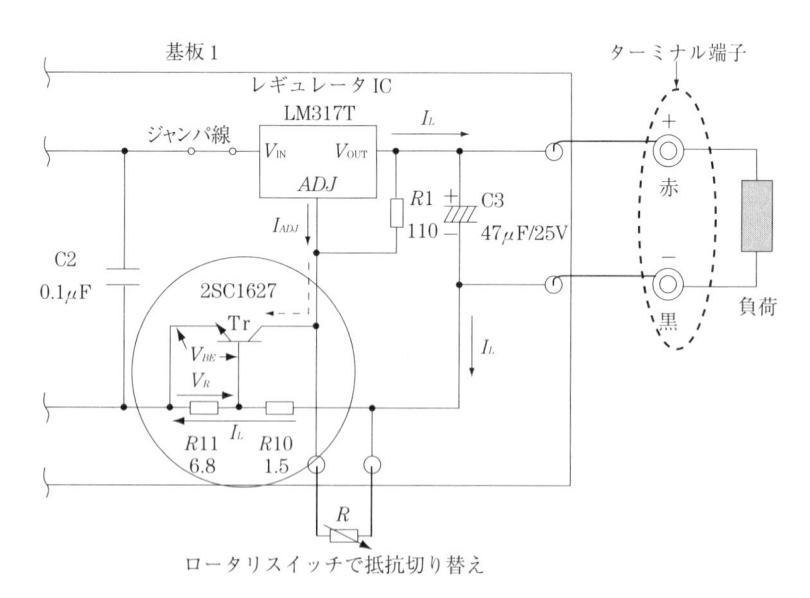

図4-6 トランジスタを使用した過電流保護回路（図4-5の書き直し）

（0.68Ω）が大きくなります。この電圧がトランジスタTr（2SC1627）のベース・エミッタ間電圧V_{BE}（0.5V～0.7V）を超えるとトランジスタがON状態になり（図4-7），調整端子ADJからの電流I_{ADJ}のほとんどがトランジスタ側に流れ込み，ロータリスイッチで切り替える抵抗Rには流れなくなります。すなわち，見かけ上，調整端子ADJがグランド側に落ちた状態と同じになります。

電源キットでは過電流$I_L=0.8A$（$V_R=0.68Ω×0.8A=0.544V$）を超えたときに保護回路機能が動作するように，トランジスタの$V_{BE}-I_C$特性を考慮してシャント抵抗値が選ばれています。

電源回路の入力側に接続されたサージ・アブゾーバ（ERZV05D361，**表4-5**）は，AC100V電源から流入してくるサージ電圧や異常な過大電圧を吸収して，電源回路全体の回路保護を目的としたサージ吸収素子です。

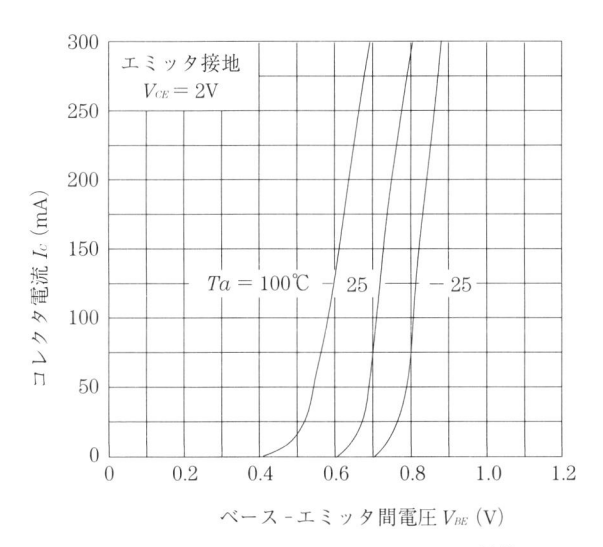

図4-7 トランジスタ2SC1627の$V_{BE}-I_C$特性

表4-5 サージ・アブゾーバERZV05D361の仕様

項　目	記号／単位	値	測定条件
バリスタ電圧	$V_{0.1mA}$ (V)	360（324〜396）	―
最大許容回路電圧	AC_{rms} (V)	230	―
	DC (V)	300	―
制限電圧（max）	V	620	I_P：測定電流 1A, 5A
最大平均パルス電力	W	0.1	―
エネルギー耐量	J	16.0	10/1000 μs
	J	11.0	2ms
サージ電流耐量	A	800	1回（8/20 μs）
		600	2回（8/21 μs）
静電容量	pF	80	1MHzで測定

4-2　電源キットの組み立て

　実験用電源キットDK-911の組み立ての概要と手順について具体的に説明します。電子部品の基礎知識や組み立て前の準備，組み立て方の詳細については，キット付属の「組み立て・取扱説明書」を参照してください。

(1) キット内の部品

　キットの包装（写真4-1参照）を開け，電源本体と電源コードを取り出します（**写真4-2**）。電源本体のカバーを開け，中に収納されている化粧パネルや袋詰めされた部品類を取り出します（**写真4-3**）。電源トランスはシャーシに仮にねじ止めされているので，取り外しておきます。

(2) 基板1の組み立て

　全体回路構成（図4-2）の中の基板1の組み立てをします。基板1の袋を開け，プリント基板，ダイオードブリッジ，電解コンデンサ，セラミックコンデンサ，3端子レギュレータLM317T，トランジスタ2SC1627，抵抗，ジャンパ線を取り出します（**写真4-4**）。これらの電子部品をプリント基板に表示されたマーカーを見ながら，極性や挿入方向を間違わないように基板の指定の個所に挿入し，はんだ付けします（**写真4-5**）。

4-2 電源キットの組み立て

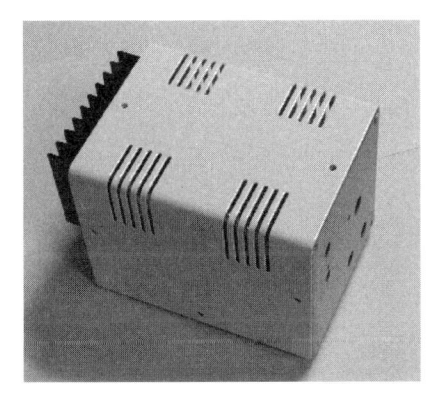

写真4-2 キットの包装から取り出した電源本体

基板1の袋　基板3の袋　部品1の袋　部品2の袋　カバー

電源トランス

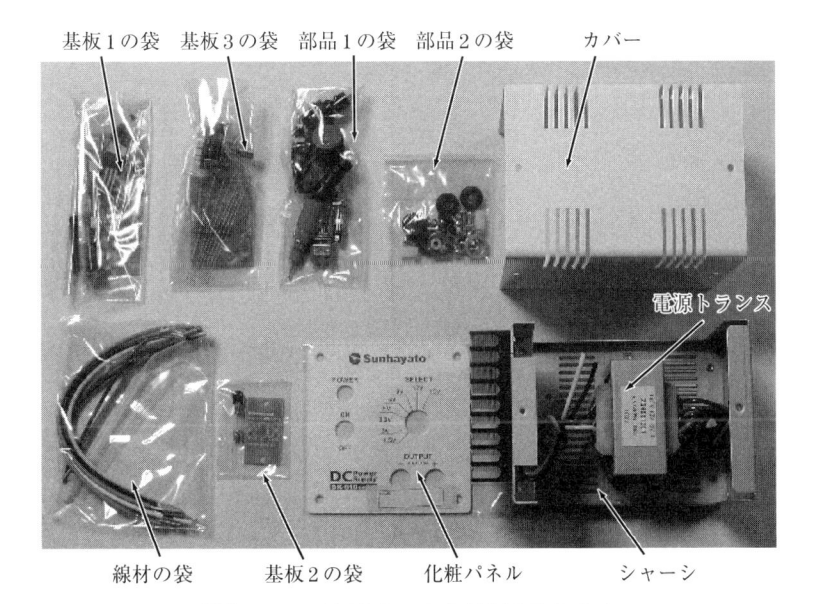

線材の袋　　基板2の袋　　化粧パネル　　シャーシ

写真4-3 電源本体から部品類を取り出す

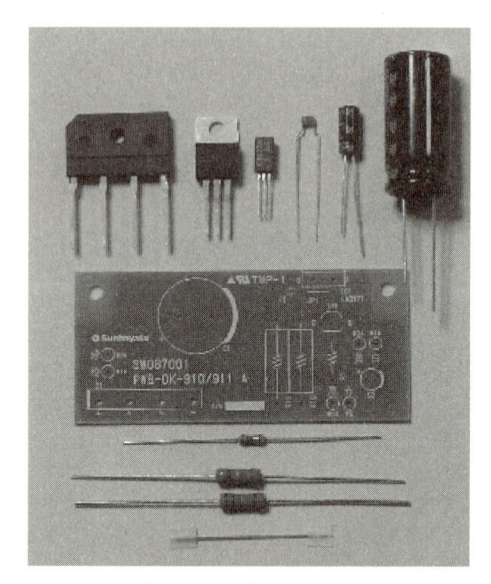

写真4-4　基板1の部品

写真4-5　基板1を組み立てる

(3) 基板2の組み立て

　全体回路構成の中の基板2の組み立てをします。基板2の袋を開け，プリント基板，サージ・アブゾーバ，ガラス管ヒューズを取り出します（**写真4-6**）。ヒューズはヒューズホルダに挿入するのでここでは使用しません。サージ・アブゾーバを基板の指定の個所に挿入し，はんだ付けします（**写真4-7**）。サージ・アブゾーバは極性はありません。

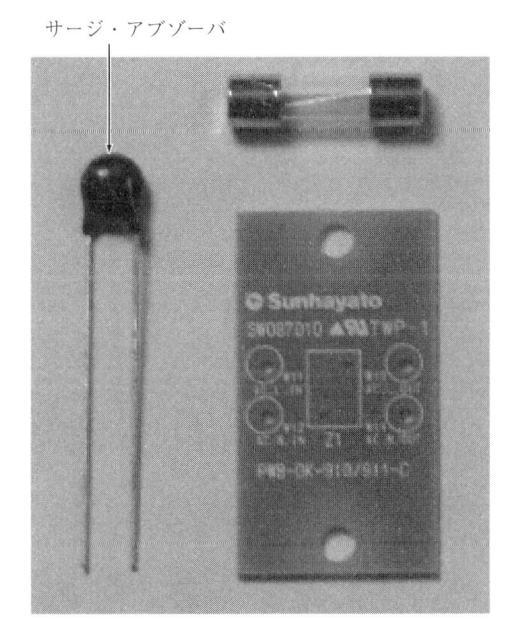

写真4-6　基板2の部品

写真4-7　基板2を組み立てる

（4）基板3の組み立て

　電源キットの出力電圧切り替え用のロータリスイッチと抵抗を取り付ける基板3の組み立てをします。基板3の袋を開け，プリント基板，ロータリスイッチ，抵抗を取り出します（**写真4-8**）。先に，抵抗をはんだ付けします。次に，ロータリスイッチの端子を基板の穴の位置に合わせるように差し込み（**写真4-9**），ロータリスイッチの端子部をはんだ付けします（**写真4-10**）。組み立てた基板3を**写真4-11**に示します。

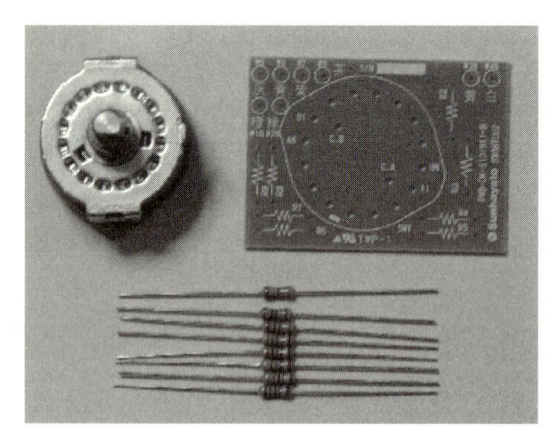

写真4-8　基板3の部品

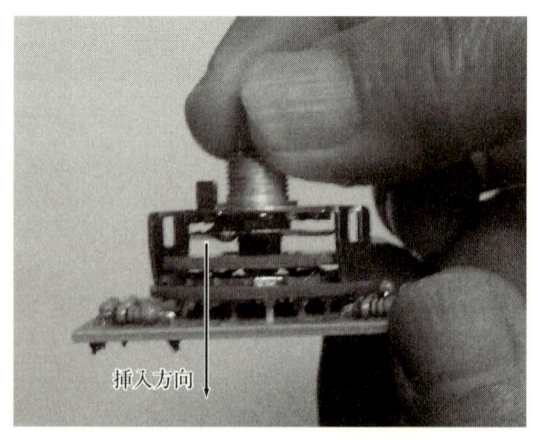

写真4-9　ロータリスイッチの端子をプリント基板の穴に差し込む

4-2 電源キットの組み立て

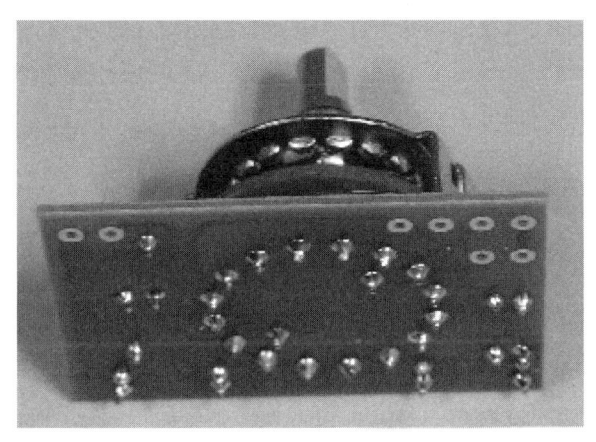

写真4-10 ロータリスイッチの端子と抵抗挿入個所をはんだ付けする

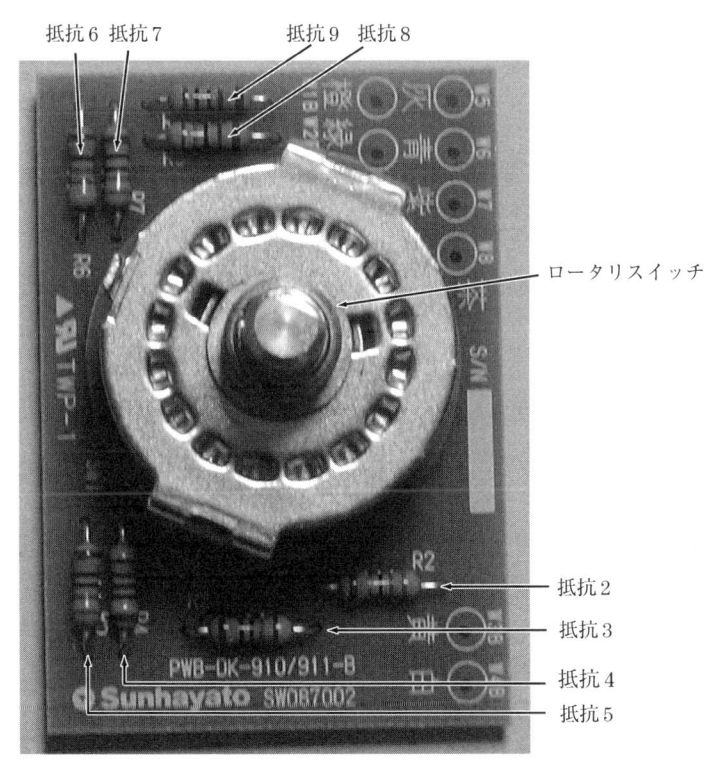

写真4-11 組み立てた基板3（基板上部から）

(5) リアパネルにヒューズホルダと電源コードを取り付ける

　電源コードを手元に用意します。また，部品1の袋を開け，ヒューズホルダ，コードストッパとナットを取り出します（**写真4-12**）。

　最初に，ヒューズホルダをリアパネルの指定の穴に取り付けます（**写真4-13**）。次に，電源コードをコードストッパに挿入し（**写真4-14**），その状態でリアパネルの指定の穴に挿入し，コードストッパを付属のナットで固定します（**写真4-15**）。

ネオンブラケット　　　ターミナル端子（赤と黒）　　　トグルスイッチ

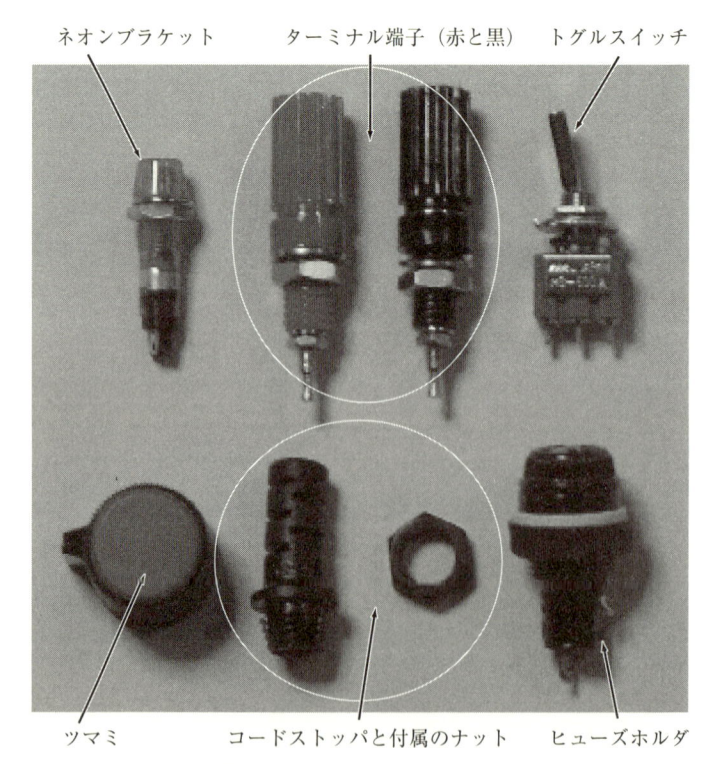

ツマミ　　　コードストッパと付属のナット　　　ヒューズホルダ

写真4-12　部品1の袋を開ける

4-2 電源キットの組み立て

写真4-13 ヒューズホルダをリアパネルに取り付ける

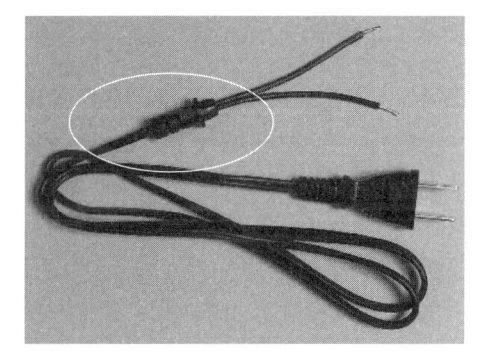

写真4-14 電源コードをコードストッパに挿入する

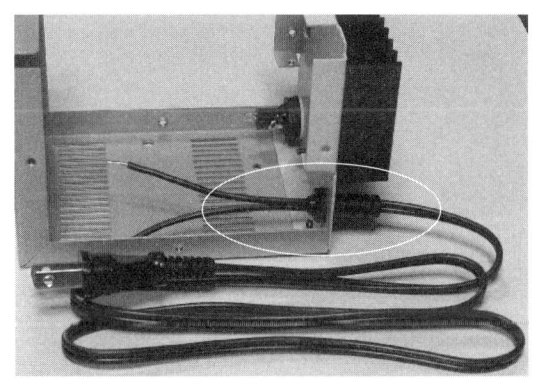

写真4-15 電源コードをリアパネルに取り付ける

71

(6) 電源コードとヒューズホルダの配線と基板1の取り付け

　線材の袋から指定の線材を取り出します（写真4-16）．また，部品2の袋から放熱シート，絶縁ブッシュ，ビス，ナットを取り出します（写真4-17）．

　最初に，電源コードとヒューズホルダを配線します（写真4-18）．次に，基板1をリアパネルに取り付けます（写真4-19）．このときパワートランジスタに放熱シートを付けて絶縁ブッシュを介してリアパネルにビス止めします．放熱シートとビスを通した絶縁ブッシュを写真4-20に，トランジスタに放熱シートを取り付けたところを写真4-21に，トランジスタをリアパネルにビス止めした状態を写真4-22に示します．

(7) フロントパネルにターミナル端子，ネオンブラケット，トグルスイッチを取り付ける

　フロントパネルに，赤色と黒色のターミナル端子，ネオンブラケット，トグルスイッチを取り付けます（写真4-23および写真4-24）．赤色（＋），黒色（－）のターミナル端子を取り付けるときは＋，－の取り付け位置を間違えないように取り付けます．

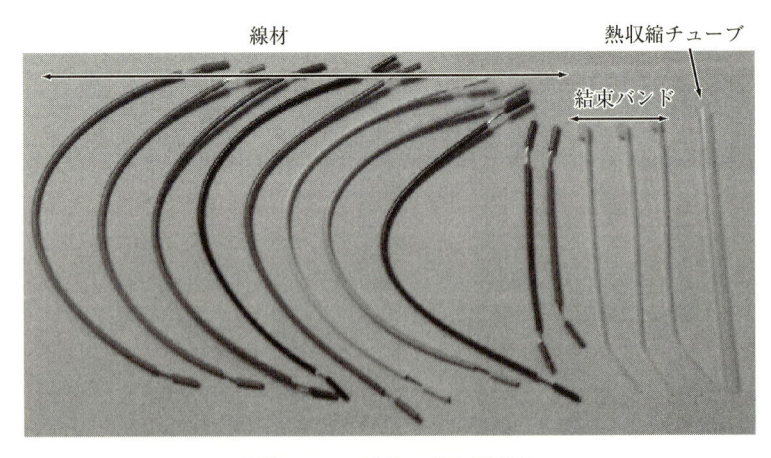

写真4-16　線材の袋を開ける

4-2 電源キットの組み立て

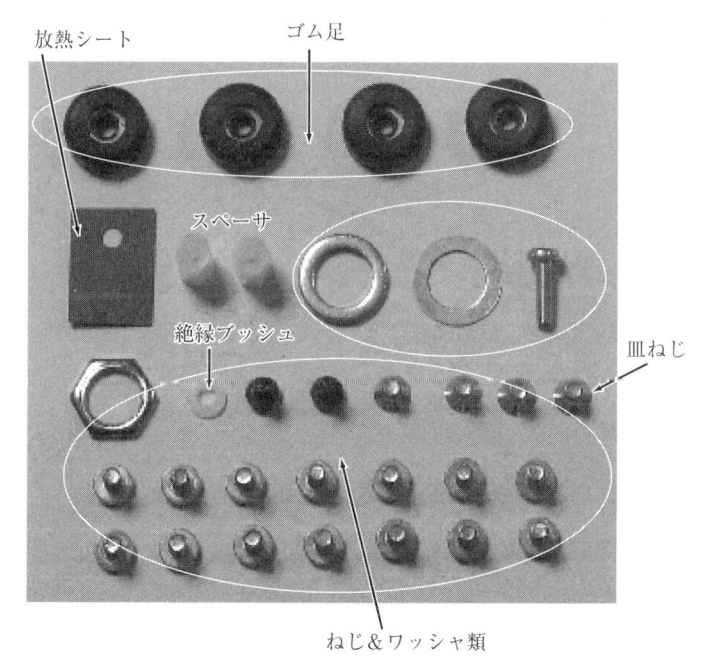

写真4-17 部品2の袋を開ける

写真4-18 電源コードとヒューズホルダを配線し基板1を取り付ける

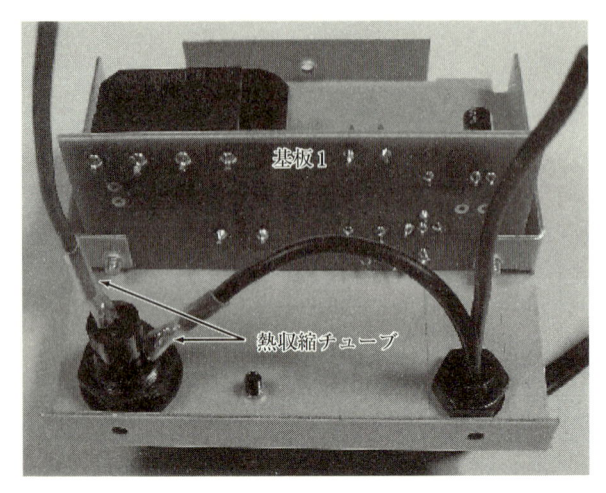

第4章 実験用電源組み立てキット

写真4-19 電源コードとヒューズホルダを配線し、基板1を取り付ける（裏面から）

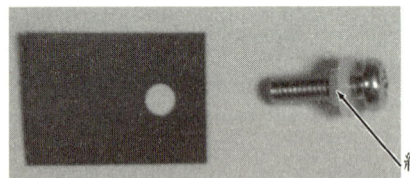

写真4-20 放熱シートとビスを通した絶縁ブッシュ

4-2 電源キットの組み立て

写真4-21　トランジスタに放熱シートを取り付ける

写真4-22　トランジスタをリアパネルにビス止めする

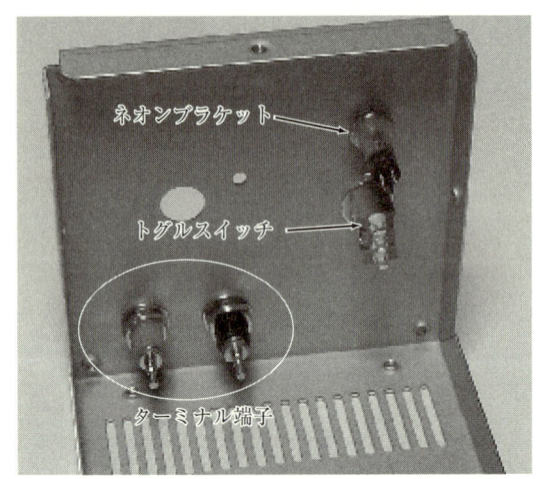

写真4-23 フロントパネルに赤，黒ターミナル端子，ネオンブラケットなどを取り付ける

写真4-24 フロントパネルの赤，黒ターミナル端子の取り付け位置

(8) 基板2の取り付けと電源トランス，リアパネル，フロントパネルの配線

最初に，スペーサ（写真4-17参照）を介して基板2をシャーシにビス止めします。次に，電源トランスを用意し，1次側のケーブルの1本を基板2の指定の個所にはんだ付けします。最後に，ヒューズホルダからのコードと電源コードを基板2に配線をします（ここまで**写真4-25**および**写真4-26**）。

4-2 電源キットの組み立て

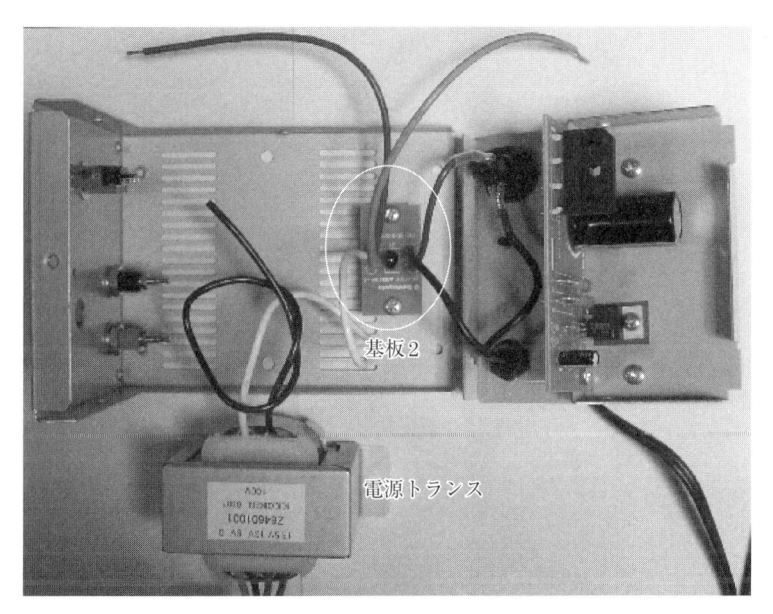

写真4-25 基板2，電源トランス，電源コード，ヒューズホルダを配線する

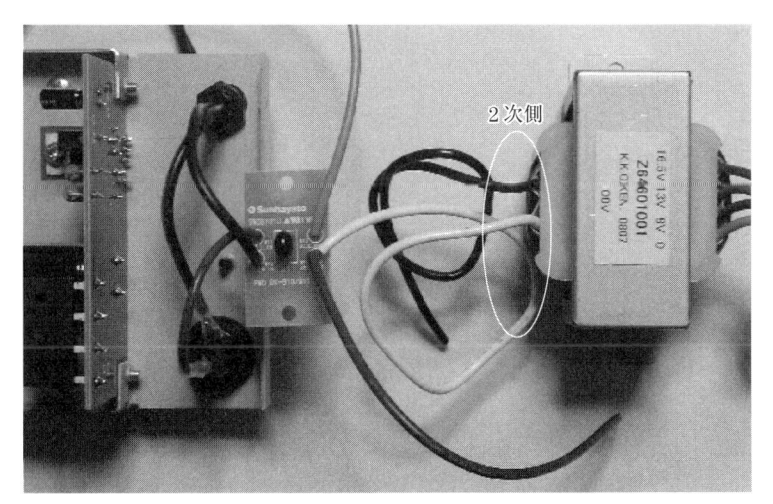

写真4-26 リアパネルをシャーシから取り外した状態

次に，フロントパネルのターミナル端子，ネオンブラケット，トグルスイッチの配線をします（**写真4-27**）。

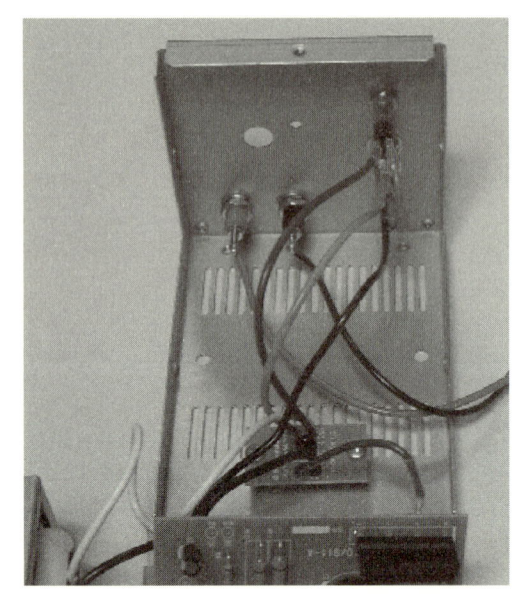

写真4-27　フロントパネルの各部品を配線する

(9) 基板3の取り付けと配線

最初に，ロータリスイッチを取り付けた基板3と電源トランスの2次側コードの配線をします（写真4-28）。次に，基板3をフロントパネルに取り付けます（写真4-29および写真4-30）。

(10) 基板1と基板2の配線および仕上げの配線

電源トランスをシャーシにビス止めしてから，基板1と基板3の間の配線をします（写真4-31）。配線時は，リアパネルをシャーシから取り外し，配線しやすい状態にします。

最後に，基板2とリアパネルおよびトグルスイッチとの配線，トランス1次側の残り1本のケーブルの配線をして仕上げます。リアパネルをシャーシに固定して，配線したケーブルを束ねて結束バンドで結びます（写真4-32）。

(11) 化粧パネルの取り付けとカバーを取り付けて組み立てを完成させる

皿ねじ（写真4-17参照）を使用して化粧パネルをフロントパネルに取り付け

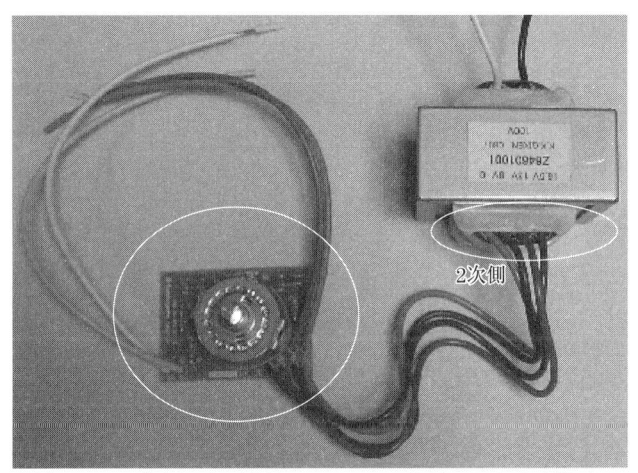

写真4-28 基板3と電源トランスの2次側コードを配線する

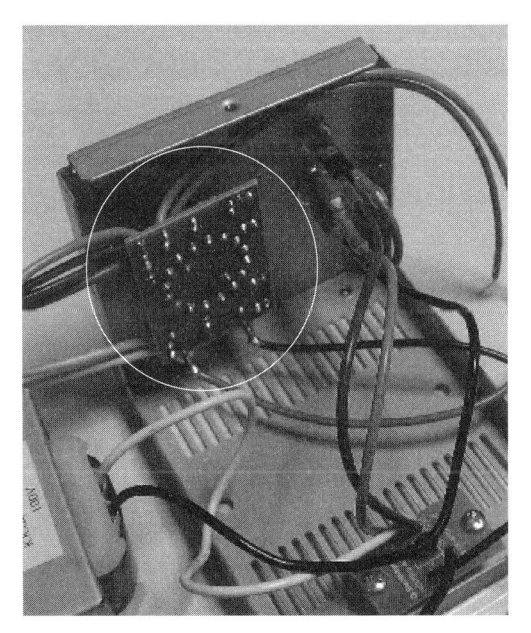

写真4-29 基板3をフロントパネルに取り付ける

ます（**写真4-33**）。最後に，カバーを取り付けて組み立てが完了します（**図4-34**）。

第4章 実験用電源組み立てキット

ロータリスイッチのつまみ

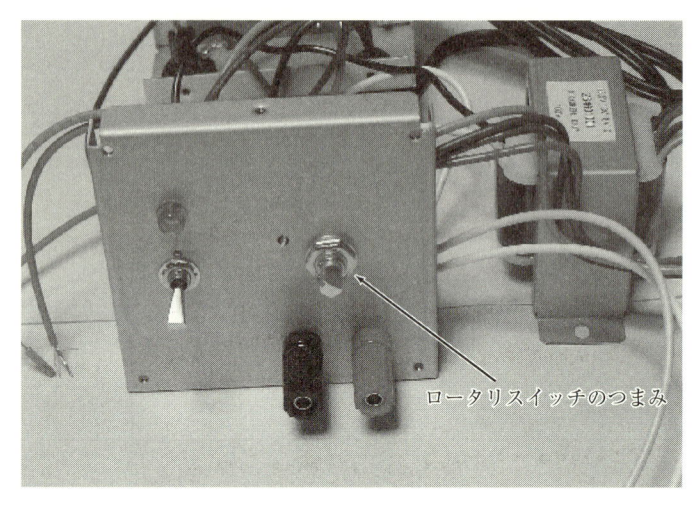

写真4-30 基板3をフロントパネルに取り付ける（正面から見る）

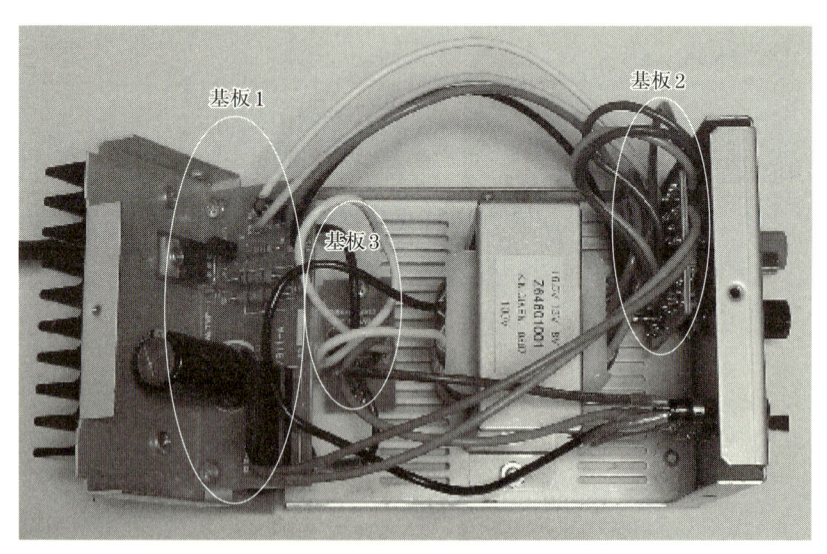

基板1
基板2
基板3

写真4-31 基板1と基板3の間の配線をする

4-2 電源キットの組み立て

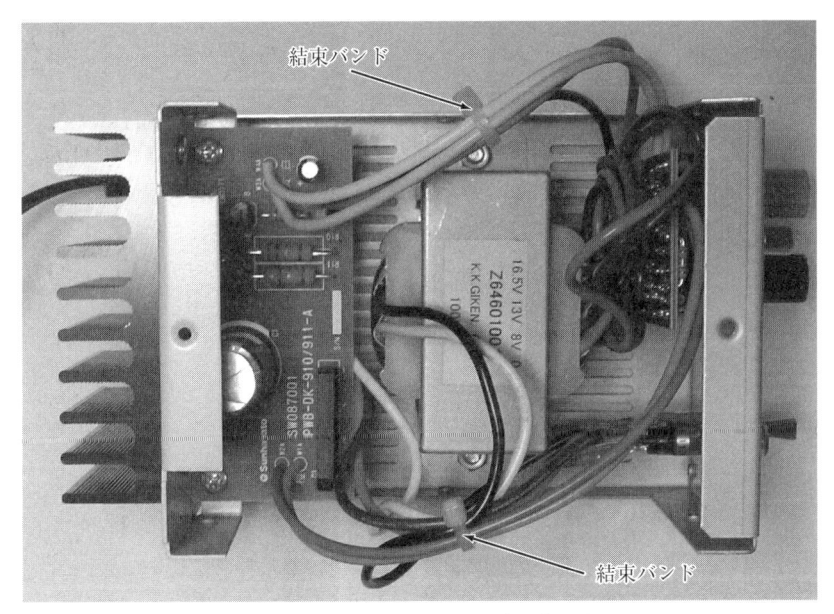

写真4-32 ケーブルの配線が終了する

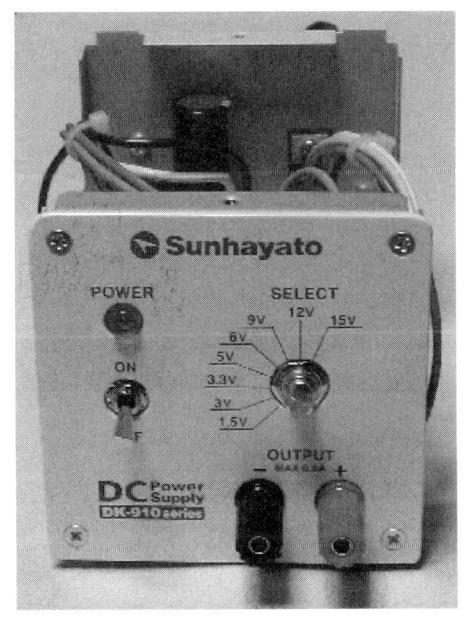

写真4-33 化粧パネルを取り付ける

81

写真4-34 キットの組み立てが完了する

4-3 完成した電源キットのテスト

　組み立てが完成した電源キットの出力端子（OUTPUT）に電子負荷装置を接続し，出力電流を変化させたときの出力電圧の安定化の実験と，出力電流を大きくしていったときの過電流保護機能の動作実験をします。

　8段階の出力電圧（1.5V，3V，3.3V，5V，6V，9V，12V，15V）を切り替えツマミで選択し，それぞれの出力電圧において出力電流を0.6A（最大0.8Aに対して75%）に設定したときの，出力電圧を測定します（**写真4-35**）。

　測定結果を**表4-6**に示します。

　測定結果から，各セレクトの出力電圧は出力電流0.6Aに対して変動率は1～1.3%であり，出力電圧安定化の機能が働いていることがわかります。

　次に，電子負荷装置に流れ込み電流値を変えて，セレクト15Vのときの出力電流を最大1Aまで可変したときの出力電圧を測定します。測定結果を**表4-7**および**図4-8**に示します。

　測定結果から，出力電流が0.8Aを超えると急激に出力電圧が低下し，1Aになると2V近くまで低下します。出力電流の増加を抑える過電流保護機能が働くことがわかります。

4-3 完成した電源キットのテスト

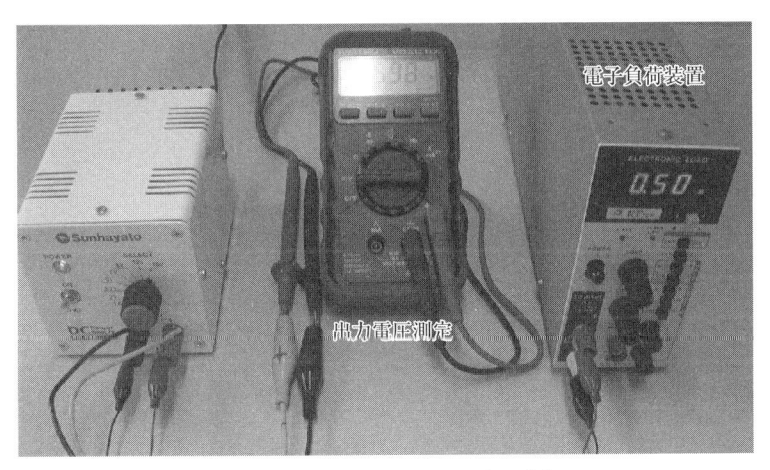

写真4-35 電源キットの電圧測定

表4-6 8段階セレクトにおける出力電圧の変化

8段階セレクト	出力電圧（V）		変動率（%）
	無負荷	0.6A	
1.5V	1.63	1.61	1.10
3V	3.31	3.27	1.36
3.3V	3.54	3.49	1.36
5V	5.37	5.30	1.30
6V	6.45	6.37	1.22
9V	9.86	9.75	1.14
12V	12.95	12.81	1.08
15V	16.14	15.97	1.05

表4-7　出力電流と出力電圧の関係

出力電流 (A)	出力電圧 (V)
0	16.13
0.60	15.96
0.65	15.94
0.70	15.93
0.75	15.86
0.80	15.70
0.85	15.47
0.90	15.14
0.95	14.35
0.97	3.27
0.98	2.18
1.00	2.14

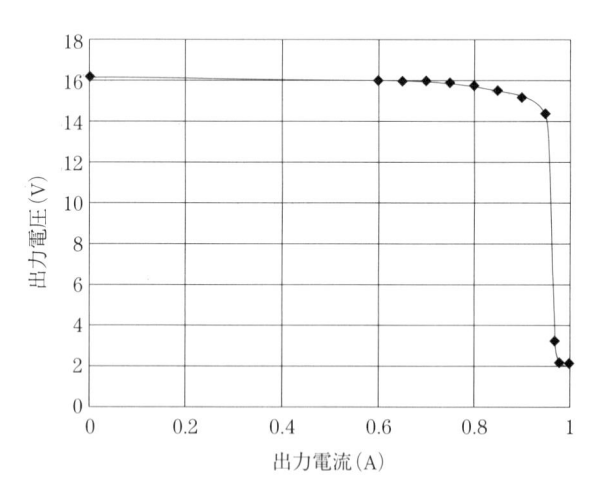

図4-8　出力電流と出力電圧の関係（過電流保護機能）

参考資料：サンハヤト株式会社，"実験用電源DK‐911組み立て・取扱説明書"

5 LED駆動回路

　LEDの点灯駆動回路は，用途，目的に応じていろいろのものがあります。最初に，LED点灯駆動回路の基本について説明します。次に，具体的なLED点灯回路について説明します。LEDパルス点灯駆動回路，AC100Vから直接LEDを駆動できるAC100V LED点灯駆動回路，AC入力LED点灯定電流駆動回路について説明します。最後に，市販の定電流ダイオードを使用したLED駆動回路について説明します。

5-1　LED点灯駆動回路の基本

　LEDの点灯回路は，LED駆動回路またはLEDドライブ回路と言います（以下，LED駆動回路）。

　基本的なLED駆動回路を図5-1に示します。直流電圧E，電流制限用抵抗R，LEDの直列回路で構成されます。LEDの点灯，表示を目的にした実際の駆動回路は，LEDの電圧，電流の最大定格内でLEDが最大限の明るさで発光するように回路設計します。駆動回路の設計が悪いと，LEDに過度な電流が流れたり，定格を超える異常な電圧が加わったり，これらが原因で点灯しなくなってしま

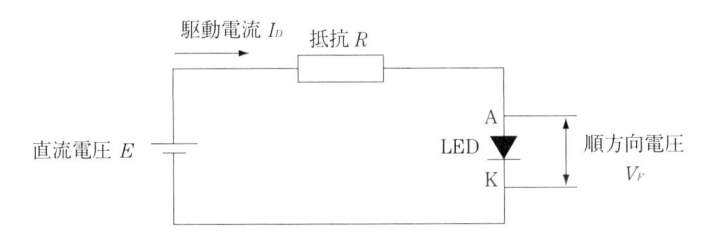

図5-1　基本的なLED駆動回路

第5章 LED駆動回路

います。また，LEDが点灯しても，LEDの寿命を短くし，結果的に，LEDの長寿命化を損ないます。

LEDに流す駆動電流I_Dは，下記の式から算出します。

$$I_D = \frac{E - V_F}{R} \tag{5-1}$$

V_Fは，LEDに定格電流を流したときのアノード・カソード間に誘起する電圧で，順方向電圧または順電圧と言います。この値はメーカのカタログやデータ表の電気・光学的特性に記載されています。汎用の5φサイズの砲弾型赤色LEDの電気・光学的特性を**表5-1**に示します。

また，駆動電流I_Dは，順方向電流（または順電流）の絶対最大定格を超えないように決めます。上記の汎用赤色LEDの最大定格を**表5-2**に示します。駆動電流の値をどの程度の値にするかは，LEDの使用目的によって異なります。実際には，駆動電流I_Dは最大定格の1/3〜1/2の範囲で決めています。

電圧，電流，消費電力（許容損失）を最大定格のどの程度の割合で使用するか，その割合をディレーティングと言います。最大定格の1/3の場合は，ディレーティングは約33%，1/2の場合は50%ということになります。

駆動回路の基本的な設計法について説明します。使用するLEDは上記の赤色LEDです。

最初に，使用する直流電圧Eを決めます。ここではDC5Vの直流電源を使用

表5-1 汎用赤色LEDの電気・光学特性の例（$Ta=25℃$）

項　目	条　件	記　号	標　準	最　大	単　位
順方向電圧	$I_F = 20mA$	V_F	1.9	2.4	V
逆電流	$V_R = 5V$	I_R	—	100	μA
ピーク発光波長	$I_F = 20mA$	λ_p	635	—	nm
ドミナント波長	$I_F = 20mA$	λ_d	626	—	nm
スペクトル半値幅	$I_F = 20mA$	$\Delta \lambda$	15	—	nm
指向半値角	$I_F = 20mA$	θ	35	—	deg
発光光度	$I_F = 20mA$	I_V	580	—	mcd

表5-2 汎用赤色LEDの絶対最大定格の例（$Ta=25℃$）

項　目	記　号	定格値	単　位
許容損失	P_d	125	mW
順方向電流	I_F	50	mA
パルス順方向電流	I_{FP}	200	mA
逆電圧	V_R	5	V
動作温度	T_{opr}	$-40 \sim +85$	℃
保存温度	T_{stg}	$-40 \sim +100$	℃

I_{FP}の測定条件：
パルス幅（Pulse Width）≦1ms　デューティ（Duty）≦1/20

します．次に，駆動電流I_Dの求め方ですが，順方向電流の最大定格が50mAなので，ディレーティング40％として20mAと決めます．また，LEDの順方向電圧は，**表5-1**から順方向電流が20mAのとき標準で1.9V，最大で2.4Vです．

ここでは$V_F=2.0$Vとします．

電流制限用抵抗Rは，式（5-1）から

$$20\,\text{mA} = \frac{5\text{V} - 2.0\text{V}}{R}$$

となり，$R=150Ω$が得られます．

LED点灯時の電力損失Pは，次式で与えられます．

$$P = V_F \times I_D \tag{5-2}$$

$V_F=2.0$V，$I_D=20$mAを代入すると，$P=2.0\text{V} \times 20\text{mA} = 0.04\text{W}$（40mW）が得られます．使用したLEDの許容損失は$P_d=125$mWなので，電力損失は最大定格内にあることがわかります．

実際に，上記のLEDを使用したLED駆動回路をブレッドボード上で配線します（**写真5-1**）．直流電源の電圧をDC5Vに設定します．

図5-1の基本回路に電流計（テスタ：電流レンジ）と電圧計（テスタ：電圧レンジ）を接続し，駆動電流と順方向電圧を実測します（**図5-2**）．

測定値は，

$I_D = 21.1$mA

$V_F = 1.97$V

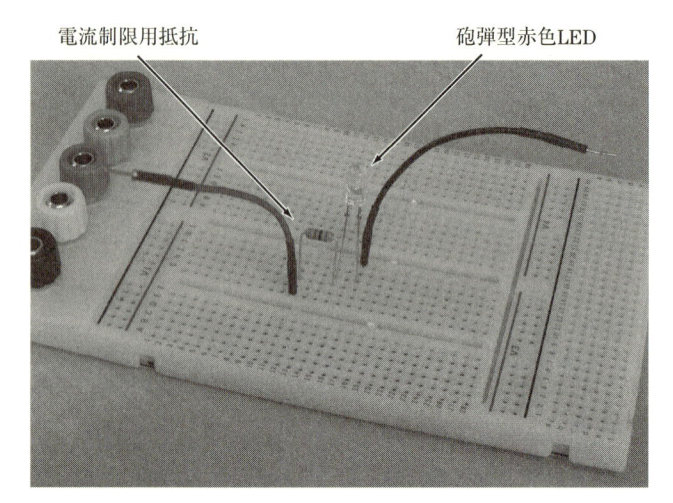

写真5-1 製作したLED駆動回路

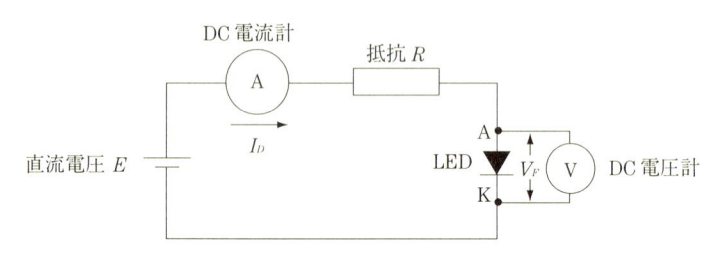

図5-2 LEDの駆動電流と順方向電圧の測定回路

が得られ，設計値とほぼ同程度の値が得られました．

5-2　LEDパルス点灯駆動回路

　LEDをパルス点灯する駆動回路を設計し，実際にパルス点灯の実験をします．

　最初に，LEDパルス点灯回路に使用するLED面発光パネルを製作します．LED面発光パネルは，砲弾型の紫外線LED（型式：SDL-5N3CUV-A，光出力P_O＝10mW，中心波長λ_P＝397nm，順方向電圧V_F＝3.1〜4.0V（順方向電流

5-2 LEDパルス点灯駆動回路

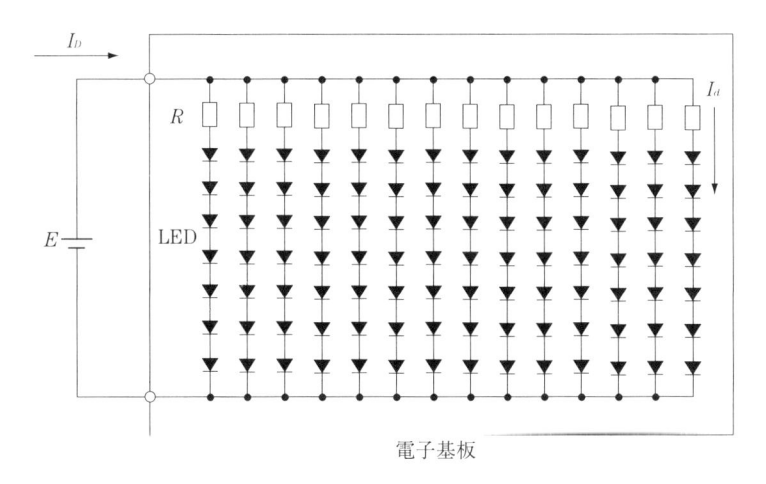

図5-3 紫外線発光パネルの回路配線

$I_F=20$mA），順方向電流最大値 $I_F(\max)=30$mA，パルス順方向電流 $I_{FP}=$ 100mA（0.1ms，1/10 Duty），60mA（10ms，1/10 Duty））を複数個使用し，電子基板（ガラスエポキシ製，232mm×137mm×1.5mm厚）に等間隔で配列して製作します．製作したパネルは，紫外線発光パネルと称します．

紫外線発光パネルのLED接続回路を図5-3に示します．LEDは7直列14並列接続します．各列の直列接続された紫外線LEDには $I_d=20$mAの駆動電流を流すようにします．また，使用する直流電源の電圧を $E=27$Vとします．

電流制限用の抵抗値は，式（5-1）から算出します．$V_F=3.5$Vとします．

$$20\text{mA} = \frac{27\text{V} - 24.5\text{V}\ (3.5\text{V} \times 7)}{R}$$

計算値は $R=125\Omega$ となります．実際に使用する抵抗は120Ωとしました．

製作した紫外線発光パネルを**写真5-2**に示します．直流電源に接続し，紫外線発光パネルを点灯させます（**写真5-3**）．基板に搭載した98個の全LEDが点灯しています．このときの，LEDの順方向電圧 V_F，直列接続されたLEDに流れる電流 I_d と回路全体に流れる駆動電流 I_D を測定しました．

測定から，$V_F=3.43$V，$I_d=19.5$mA，$I_D=275$mAが得られました．回路全体の駆動電流 I_D は，I_d の14並列接続の合成電流値（計算値）

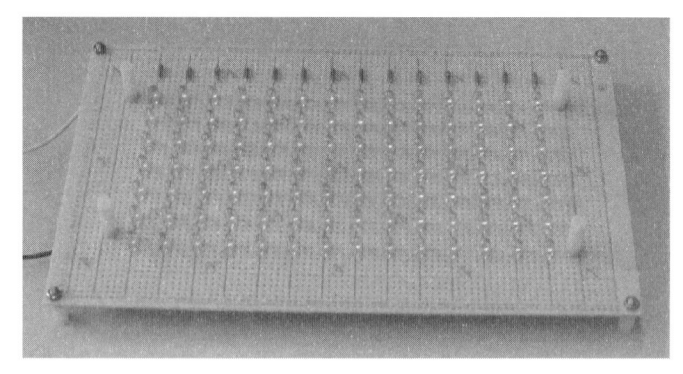

写真5-2 製作した紫外線発光パネル

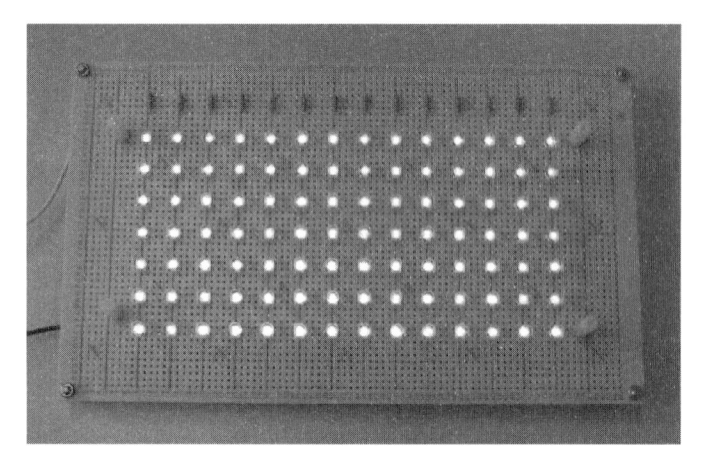

写真5-3 点灯させた紫外線発光パネル

$$14 \times I_d = 14 \times 20\mathrm{mA} = 280\mathrm{mA}$$

に近似していることが確認できます。

次に，LEDパルス点灯駆動回路を製作します。

紫外線発光パネルをパルス点灯させる駆動回路の全体構成を**図5-4**に示します。LEDのパルス順方向電流 I_{FP} の最大定格内で，直並列接続の個々のLEDをパルス点灯させる駆動回路を製作します。

紫外線発光パネルに駆動電流 I_D を流すための直流電源（DC30V－1A）を用意

5-2 LEDパルス点灯駆動回路

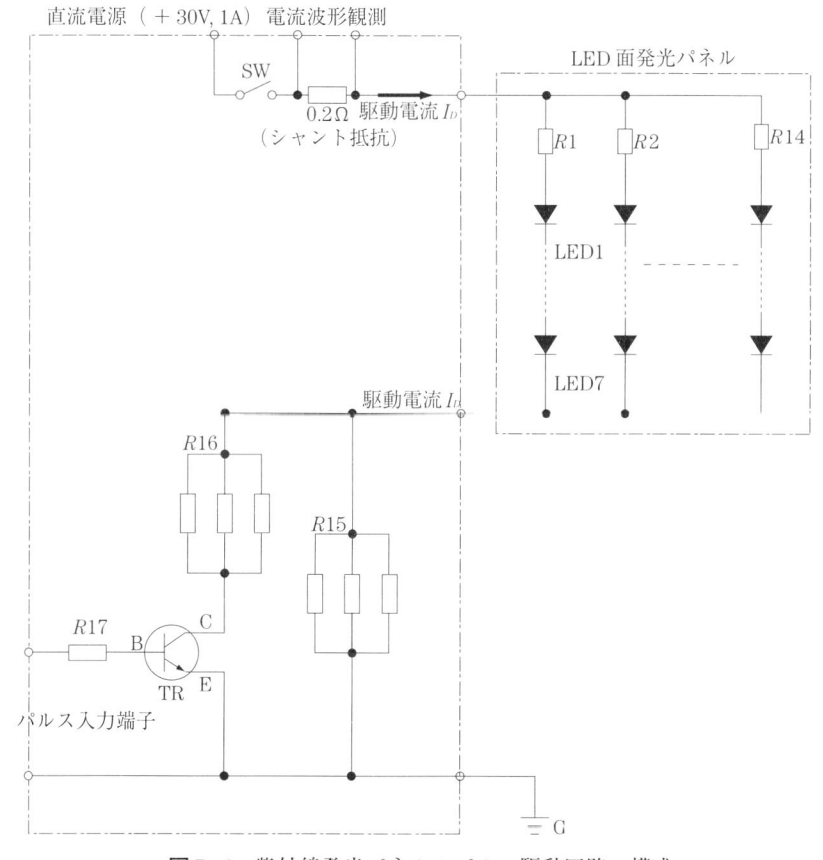

図5-4 紫外線発光パネルのパルス駆動回路の構成

します。紫外線発光パネルと直列に，抵抗回路$R15$（3個の抵抗100Ω，100Ω，120Ωの並列回路，合成抵抗35Ω）と$R16$（3個の抵抗100Ω，100Ω，120Ωの並列回路，合成抵抗35Ω）の並列回路を接続します。また，抵抗回路$R16$と直列にトランジスタを接続します。

　トランジスタの入力側（ベース・エミッタ間）はON - OFFパルス信号（矩形波）を出力する発振器を接続します。トランジスタがONのときは，抵抗回路$R15$は抵抗回路$R16$と並列接続になり，駆動電流I_Dは$R15$と$R16$の並列回路に流れ込みます。一方，トランジスタがOFFのときは，抵抗$R16$の回路はオープ

91

ンになります。このとき駆動電流I_Dは抵抗$R15$のみに流れます。

　具体的な回路動作は次のようになります。抵抗$R15$のみが接続されたときは，最大定格（25mA）を超えない順方向電流（駆動電流I_d）を個々のLEDに流すようにします。抵抗$R15$と$R16$が並列接続されたときは，$R15$と$R16$の合成抵抗が$R15$の半分の抵抗値（35Ω/2 = 17.5Ω）になるので，駆動電流I_dは大きくなります。この電流が最大定格（30mA）を超えたとしても，パルス幅10ms，デューティ1/10の通電時間で，パルス順方向電流I_{FP}の最大定格（60mA）を超えなければ，LEDは損傷することはありません。

　トランジスタの入力側に入れるパルス信号波形を**図5-5**に示します。パルス電圧の大きさを2V，パルス幅を10ms，デューティを1/10（周波数は10Hzに相当）とした場合です。実際に，この信号を発振器で設定して発生させたパルス波形を**写真5-4**に示します。

　製作したLEDパルス駆動回路基板を**写真5-5**に示します。基板の部品配置と接続端子を**図5-6**に示します。

　LEDパルス駆動回路基板に紫外線発光パネルを接続し，写真5-4のパルス波形で紫外線発光パネルを駆動したときの発光状態を観測しました。紫外線発光パネルは発光の強弱を繰り返しながら点灯します。

　オシロスコープで観測した電流波形を**写真5-6**に示します。

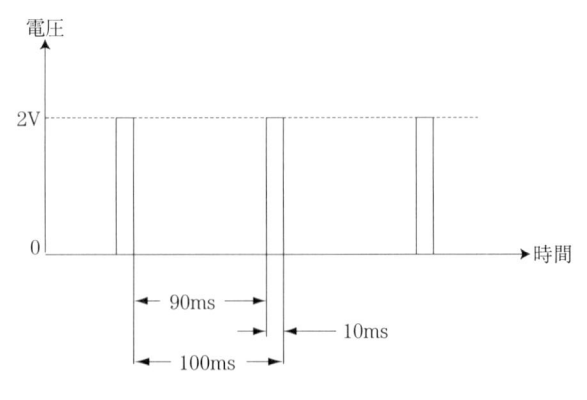

図5-5　パルス信号波形

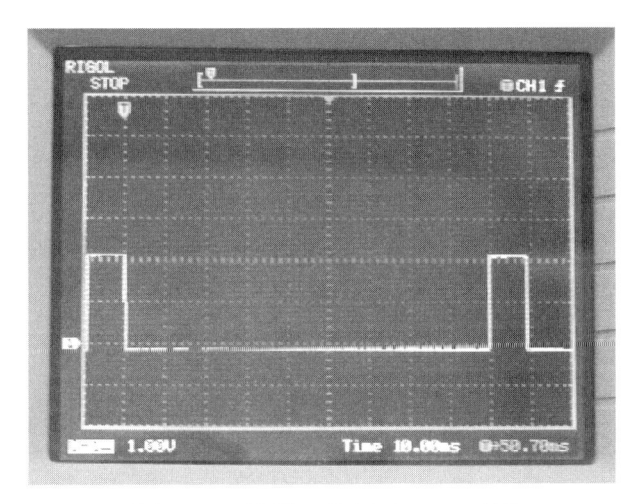

写真5-4　発振器で設定したパルス信号

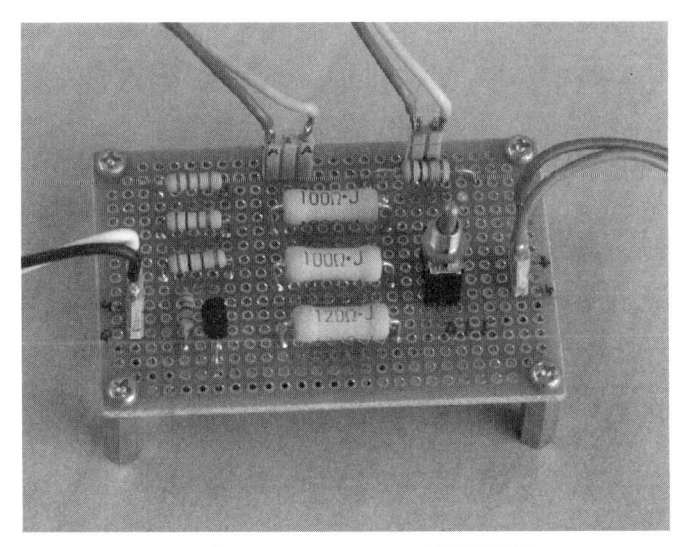

写真5-5　LEDパルス駆動回路基板

第 5 章　LED駆動回路

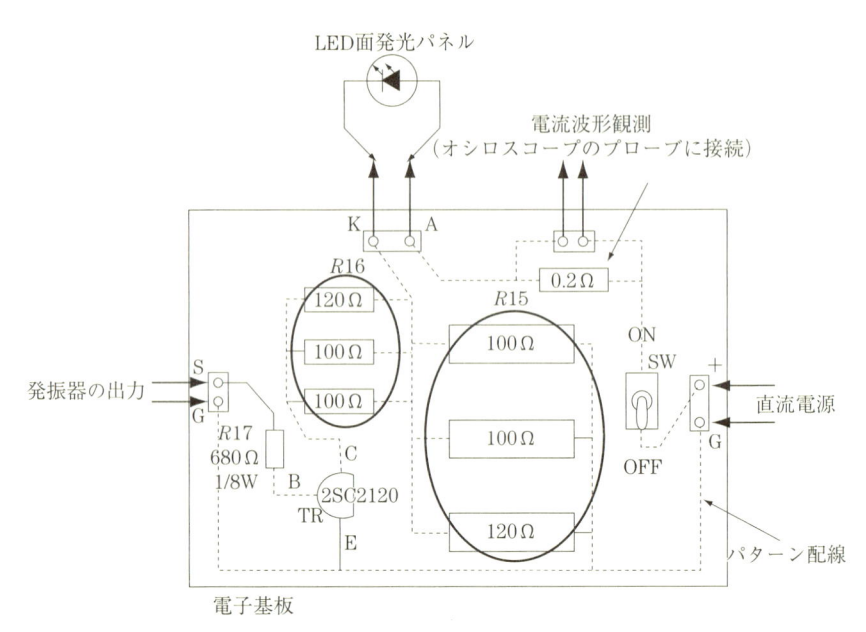

図5-6　LEDパルス駆動回路基板の構成

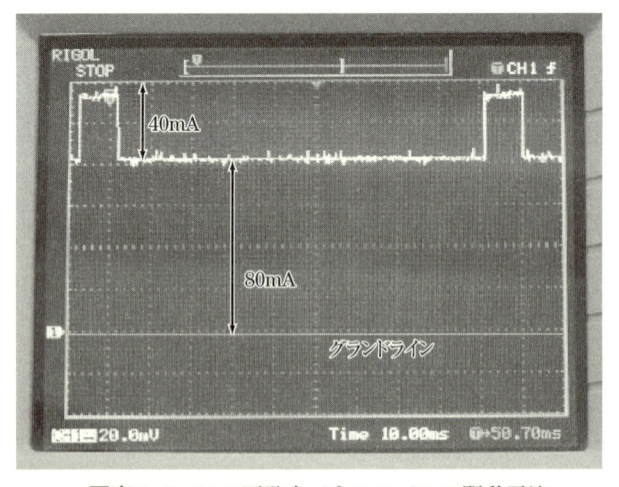

写真5-6　LED面発光パネルのパルス駆動電流

5-2 LEDパルス点灯駆動回路

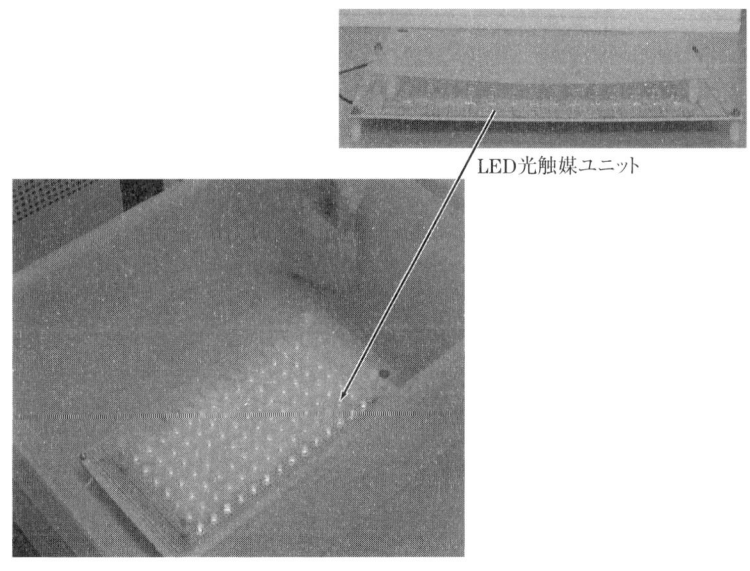

写真5-7 紫外線発光パネルを光触媒装置に組み込む

　パルス駆動回路の波形観測用のシャント抵抗は0.2Ωです。波形観測の電圧波形からトランジスタがOFFのときの駆動電流 I_D は

$$I_D = \frac{80\mathrm{mV}}{0.2\,\Omega} = 400\,\mathrm{mA}$$

になります。
　このときの直並列接続された個々のLEDに流れる電流 I_d は

　　400mA/14≒28mA

となります。
　トランジスタがONのときは，約1.5倍の $I_D = \dfrac{120\mathrm{mV}}{0.2\,\Omega} = 600\mathrm{mA}$ の駆動電流（個々のLEDには600mA/14≒42mA）がパルス上に流れていることが確認できます。パルス順方向電流の最大定格（60mA）内で点灯しています。紫外線発光パネルを光触媒実験装置に使用した例を**写真5-7**に示します。通常点灯に比べてパルス点灯した場合はより大きな光触媒の効果が期待できます。

95

5-3 AC100V LED点灯駆動回路

　商用電源であるAC100Vを使用してLEDを点灯させる駆動回路を製作します。LEDは汎用の砲弾型白色LED（絶対最大定格：順方向電流I_F＝30mA，逆電圧I_V＝5V，許容損失P_d＝120mW，電気・光学特性：順方向電圧V_F＝3.6V，発光光度I_V＝9200mcd）を8個使用します。

　ブレッドボード上で配線したAC100V LED駆動回路を**図5-7**と**写真5-8**に示します。入力抵抗の端子電圧とLEDに流れる駆動電流を測定するために，図のように交流電圧計と直流電流計を接続します。それぞれテスタを使用しました。

　入力電圧であるAC100Vの約70％の電圧を入力抵抗（3.44kΩ）で分担させます。入力抵抗は，3個の抵抗8.1kΩ（2W），10kΩ（2W），15kΩ（2W）を並列接続します（合成抵抗3.44kΩ）。残りの30％の交流電圧はブリッジダイオードで全波整流し，抵抗（100Ω）と電解コンデンサ（100μF，50V）のフィルタ回路で直流に整流します。この直流電圧に電流制限用抵抗（100Ω）とLED（8個直列接続）の直列回路を接続して，LEDに駆動電流を流します。

　実際に，AC100Vを使用してLEDの点灯実験をします（**写真5-9**）。

　スライダックを使用して交流電圧をAC0V〜115Vの範囲で可変にします。このときの入力抵抗に印加される電圧V_{AC}，電解コンデンサの端子電圧V_C，LEDの順方向電圧V_F，LEDに流れ込む電流I_Fを測定します。

　AC100Vのときの測定値は**表5-3**のようになりました。

　LED駆動電流I_Dを計算し，測定値（17.6mA）と比較します。

$$I_D = \frac{27.3\text{V} - 3.15\text{V} \times 8}{100\,\Omega} = 21\text{mA}$$

　また，入力抵抗に流れる電流Iは

$$I = \frac{68.1\text{V}}{3.44\text{k}\Omega} = 19.8\text{mA}$$

となります。

　測定値と計算値との間には少し誤差はありましたが，同程度の値になりました。

5-3 AC100V LED点灯駆動回路

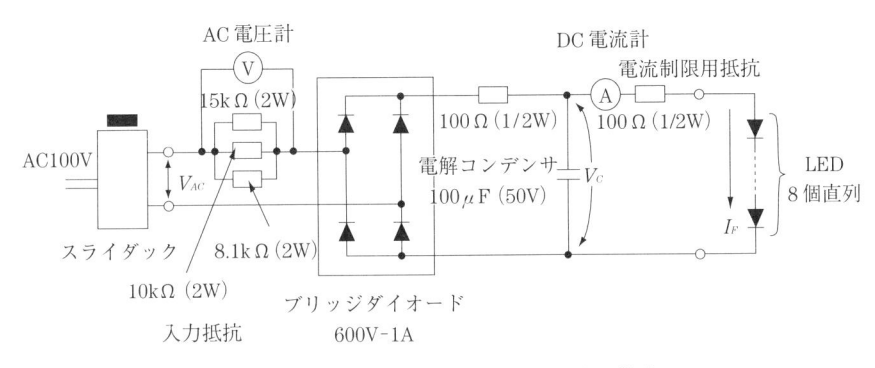

図5-7 AC100V LED点灯駆動回路の構成

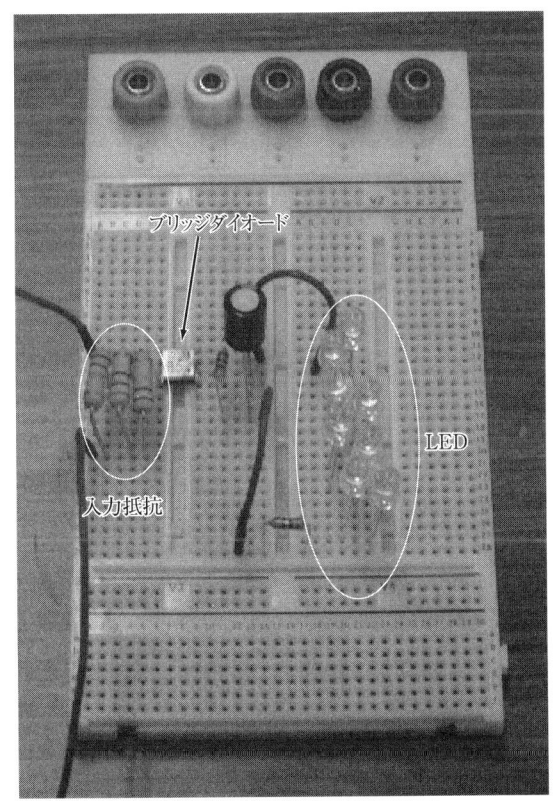

写真5-8 ブレッドボード上で配線した交流100V LED点灯駆動回路

第5章 LED駆動回路

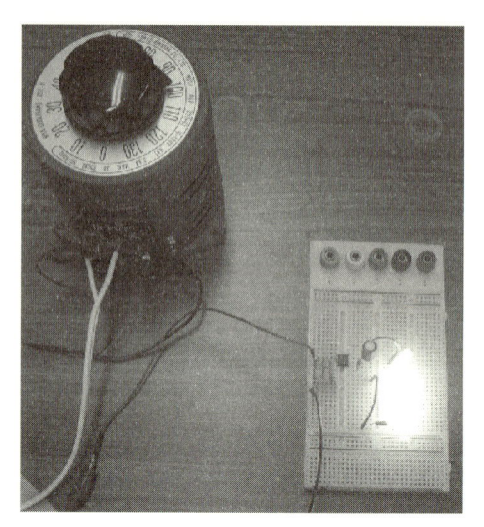

写真5-9 AC100V LED点灯駆動回路の実験

表5-3 AC100V LED点灯駆動回路の測定値

入力抵抗の電圧	V_{AC}	68.1V
電解コンデンサの端子電圧	V_C	27.3V
LED順方向電圧	V_F	3.15V
LED駆動電流	I_D	17.6mA

 また，入力抵抗の消費電力のディレーティングを求めます．入力抵抗の1個当たりの消費電力Pを求めると，

$$P = \left(19.8\text{mA} \times \frac{1}{3} \right) \times 68.1\text{V} = 0.45\text{W}$$

となります．2Wの抵抗を使用しているので，ディレーティングDは

$$D = \frac{0.45\text{W}}{2\text{W}} \times 100 = 22.5\%$$

となります．
 実際に，電気スタンドなどの照明装置に応用するために，LEDランプ部と電源回路をセパレートにして構成したAC100V LED点灯駆動回路を製作しました（写真5-10～写真5-12）．

写真5-10　LEDランプ（8個のLEDを使用）

写真5-11　電源回路部

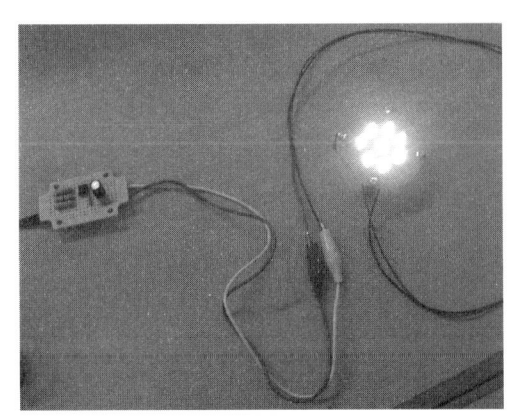

写真5-12　AC100V駆動LEDランプの点灯実験

5-4　AC入力LED点灯定電流駆動回路

　LEDの定電流駆動回路とは，入力電圧の大きさにかかわらず，LEDに常に一定の駆動電流を流すようにした回路のことです。

　市販の定電流駆動回路基板を使用してLEDを点灯させます。市販のLED定電流駆動回路基板（パワーLED駆動ボード）を**写真5-13**に示します。入出力定格は，入力電圧がAC8～26V，出力電流はDC160mAです。

　点灯させるLEDは筆者の研究室で開発したパワー白色LEDモジュールを使用します（**写真5-14**）。

　スライダックを使用して交流電圧をAC17V～22Vの範囲で可変します（**図5-8**）。このときの入力電圧V_{AC}とLEDに流れる駆動電流I_Dの関係を測定します（**写真5-15および図5-9**）。

　測定結果から，入力電圧に依存せず，一定の電流（150mA）がLEDに流れ込むことがわかります。

　この種の定電流駆動回路基板は，いくつかのバリエーションが市販されています。AC100VからDC24V-300mA（max）の電流出力が得られる定電流駆動回路基板（コエックス社製ハイパワーLEDドライバ，PSLシリーズ，過電流，短絡，温度保護機能付き）を**写真5-16**に示します。

　この定電流駆動回路基板に上記の白色パワーLEDモジュールを接続し，入力電圧をAC100V±15％（AC85V～115V）の範囲で変化させたときのLEDモジュールに流れ込む駆動電流を測定しました。測定方法は，図5-8と同様，スライダックで入力電圧を変化させ，そのときの駆動電流を測定します。

　測定結果から，入力電圧の変化にかかわらず，一定（295mA）の駆動電流がLEDモジュールに流れ込むことが確認できました。

　E25口金を持つ電球ソケットに，同社製定電流駆動回路基板とパワー白色LEDを組み込んだAC100V電球型白色ランプを**写真5-17**に示します。フィラメント電球に代わる低消費，クリーンエネルギータイプの新しい次世代型の表示ランプと言えます。

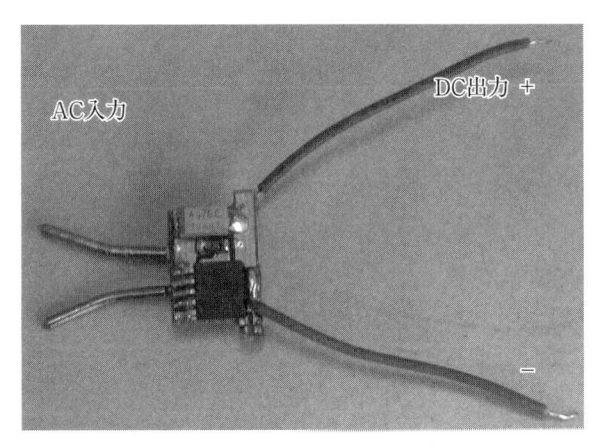

5-4 AC入力LED点灯定電流駆動回路

写真5-13 市販のパワーLED駆動ボード

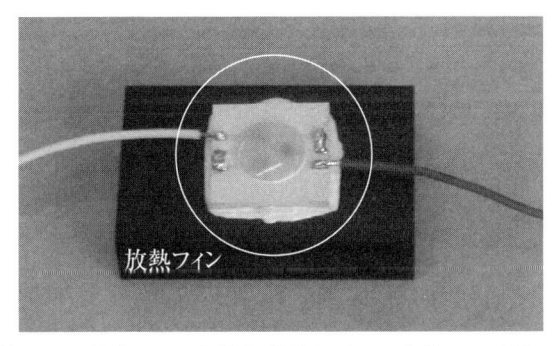

写真5-14 放熱フィンに取り付けたパワー白色LEDモジュール

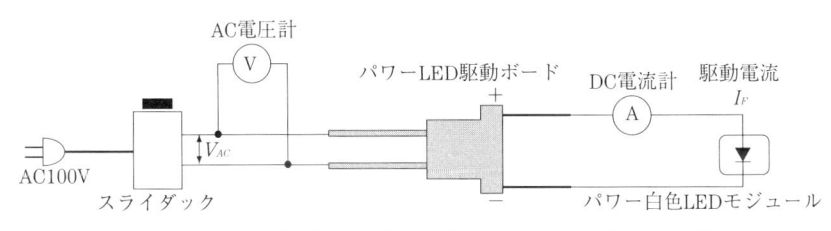

図5-8 定電流駆動回路基板を使用したLED点灯駆動回路

101

第5章　LED駆動回路

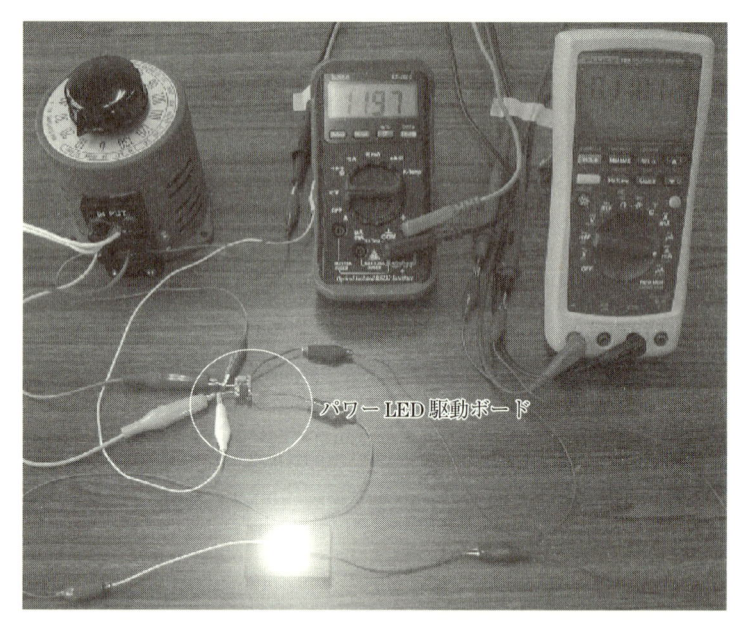

写真5-15　定電流駆動回路基板を使用したLED点灯実験

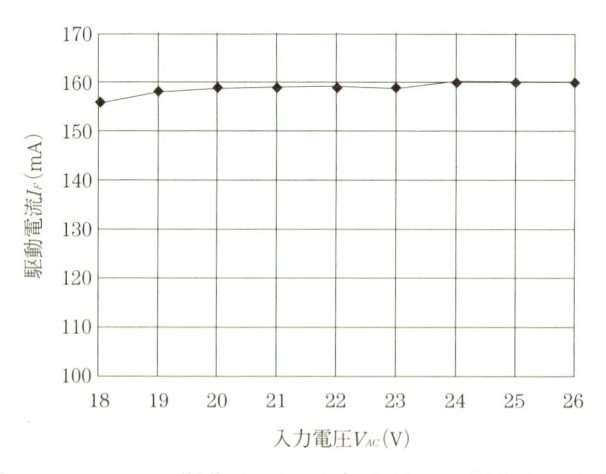

図5-9　パワーLED駆動ボードの入力電圧とLED駆動電流の関係

写真5-16 コエックス社製ハイパワーLEDドライバ

写真5-17 AC100V電球型白色ランプ

5-5 定電流ダイオードを使用したLED駆動回路

　定電流ダイオードとは，数ボルト以下の低電圧から100V以上の高電圧を印加したときに，印加電圧にかかわらず常に一定の電流をLEDに流すようにした素子です。

　代表的な製品に，石塚電子製の定電圧ダイオード（Current Regulative Diode, CRDと略す）があります。

CRDにはいくつかのバリエーションがありますが，大電流タイプのL-1822（**写真5-18**，**図5-10**，**表5-4**，**表5-5**および**図5-11**）を使用します。

表5-5のピンチオフ電流とは，CRDへの印加電圧を上げていったときに一定の電流を保持する定電流領域の電流値のことで，表の仕様では10Vを印加したときの電流値としています。肩特性とはピンチオフ電流の80%に当たる電流値I_k(mA)と，そのときの印加電圧V_k(V)のことを指します。動作インピーダンスとは，DC25Vに微小電圧を重畳させたときのインピーダンスの最小値を言います。

図5-11は，CRDのLシリーズの動特性を示したもので，ピンチオフ電流I_pがほぼ20mAであることが確認できます（L-1822は，$V_p=10$Vのときは$I_p=20$mAである）。

実際に，定電流ダイオードL-1822を使用したLED点灯回路をブレットボード上に構成し，定電流ダイオードL-1822の電圧V_{A-K}（アノード・カソード間電圧）-電流I_D特性を測定します（**図5-12**）。

測定結果を**図5-13**に示します。電圧V_{A-K}が4V付近から電圧に依存せず，LEDに流れる駆動電流I_Dはほぼ一定（18mA）になります。すなわち，直流電源Eが変動してもLEDにはほぼ一定の電流を流すことができます。

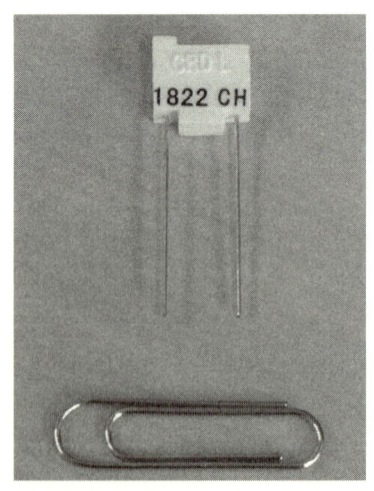

写真5-18 定電流ダイオードL-1822

5-5 定電流ダイオードを使用したLED駆動回路

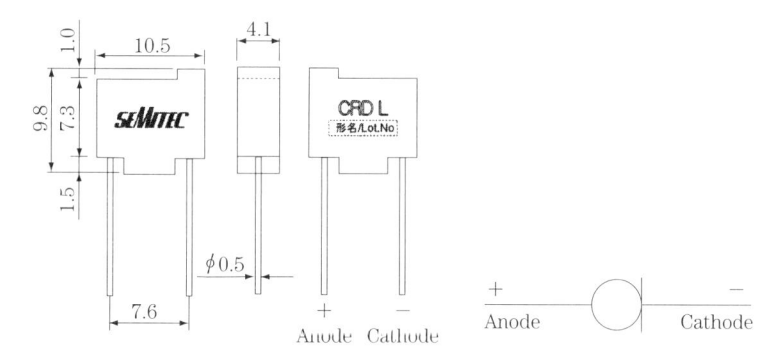

図5-10 石塚電子製定電流ダイオード（Lシリーズ）と図記号

表5-4 最大定格（L-1822）

定格電力	500mW
熱抵抗	200℃/W
逆方向許容電流	50mA
動作温度範囲	−25℃～150℃

表5-5 規格表（L-1822）

ピンチオフ電流		肩特性		動作インピーダンス	制限電流費	温度係数	最高使用電圧
V_P (V)	I_P (mA)	V_k (V)	I_k (mA)	Z_T (MΩ)	I_{Vmax}/I_P	(%/℃)	V_{max} (V)
10	18.0～22.0	3.90	min.$0.8I_P$	0.09	max.1.0	−0.25～−0.45	30

105

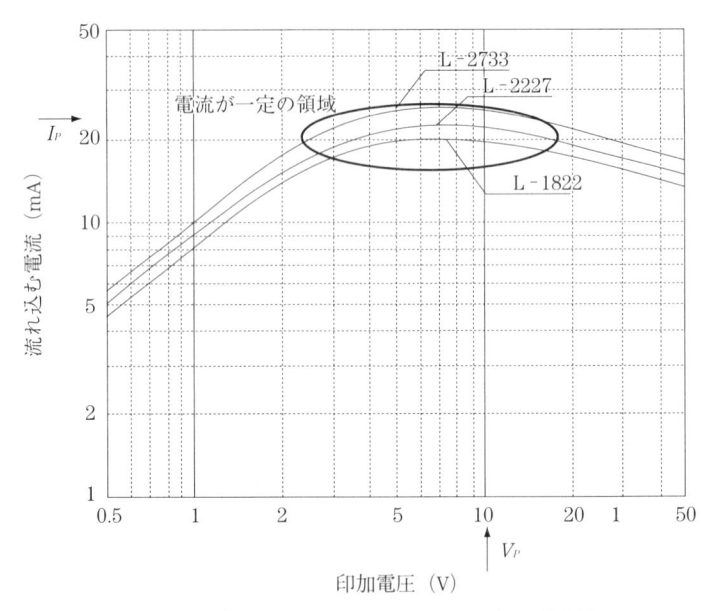

図5-11 定電流ダイオード（Lシリーズ）の動特性

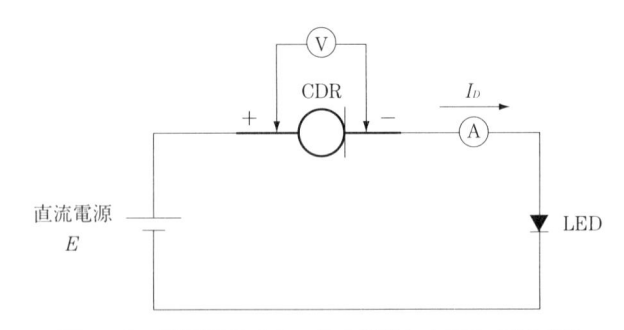

図5-12 定電流ダイオードを使用したLED点灯回路

5-5 定電流ダイオードを使用したLED駆動回路

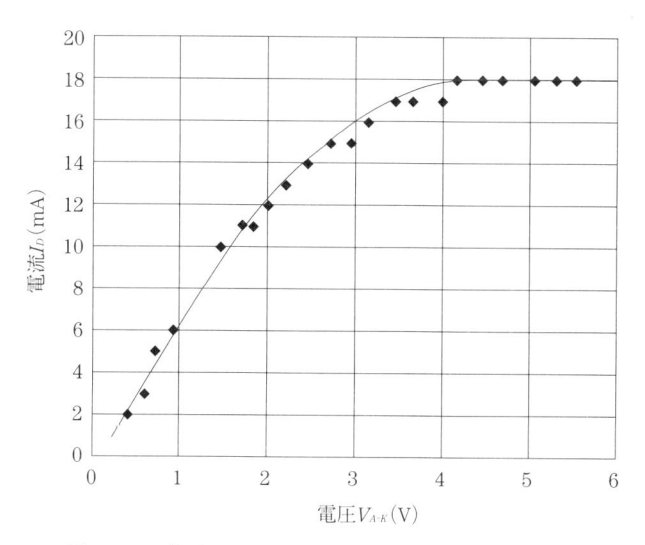

図5-13 定電流ダイオードL-1822の電圧-電流特性

6 DC-ACインバータ

DC-ACインバータの基本動作については，第1章で説明しました。本章では，無安定マルチバイブレータを発振回路部としたDC-ACインバータの製作例について説明します。最初に，デジタルICとこれを使用した無安定マルチバイブレータの基本動作について説明し，実際にブレッドボード上で回路構成します。次に，製作した無安定マルチバイブレータを使用し，DC12VからAC100Vに変換するDC-ACインバータを組み立て，動作試験をします。

6-1 デジタルICと無安定マルチバイブレータ

DC-ACインバータを駆動させるには発振回路が必要です。発振回路の方式にはいろいろありますが，デジタルICを使用した無安定マルチバイブレータを製作します。"無安定"とは，コンデンサと抵抗の充放電で決まる繰り返し時間で発振させる回路方式の呼称です。これに対して，水晶やタイマーICなどを使用して周波数を設定できる回路方式を"安定発振"と言います。

(1) デジタルICの基本

最初に，無安定マルチバイブレータに使用するデジタルICについて説明します。

デジタルICにはいくつかの種類がありますが，無安定マルチバイブレータに使用するICはTTL（Transistor and Transistor Logicの略）です。デジタル回路の最小単位をゲート（Gate）と言います。ゲートには，3種類の基本ゲートがあります。ANDゲート，ORゲート，NOTゲートです。

ANDゲートは，"アンドゲート"と発音します。ANDゲートの図記号を図6-1に示します。入力AとBの"H"レベルと"L"レベルの組み合わせにより出力Yのレベルは表6-1のようになります。このような表を真理値表と言い

第6章 DC-ACインバータ

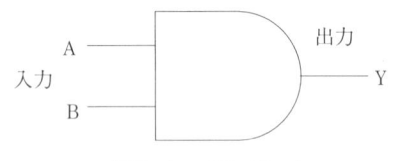

図6-1 ANDゲート

表6-1 ANDゲートの真理値表

入 力		出 力
A	B	Y
L	L	L
L	H	L
H	L	L
H	H	H

ます。入力AとBの両方が"H"レベルのときに出力Yは"H"レベルになります。

入力と出力の関係を式で表すと，

$$Y = A \cdot B \tag{6-1}$$

となります。このような式を論理式と言います。出力Yは入力AとBの積になるので，ANDゲートの基本動作を"論理積"と言います。

ORゲートは，"オアーゲート"と発音します。ORゲートの図記号を**図6-2**に示します。入力AとBの"H"レベルと"L"レベルの組み合わせにより出力Yのレベルは**表6-2**のようになります。入力AとBのいずれかが"H"レベルのときに出力Yは"H"レベルになります。

ORゲートの論理式は，

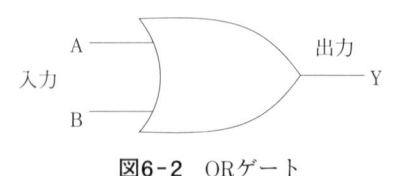

図6-2 ORゲート

表6-2 ORゲートの真理値表

入	力	出力
A	B	Y
L	L	L
L	H	H
H	L	H
H	H	H

$$Y = A + B \tag{6-2}$$

となります。出力Yは入力AとBの和になるので，ORゲートの基本動作を"論理和"と言います。

　NOTゲートは，"ノットゲート"と発音します。NOTゲートの図記号を**図6-3**に示します。NOTゲートの真理値表は**表6-3**のようになります。入力Aの信号を反転して出力Yの信号とします。このことからNOTゲートは，別名，インバータ（反転を意味）と言います。

　NOTゲートの論理式は，

$$Y = \overline{A} \tag{6-3}$$

となります。記号の上の"バー"は反転を意味します。このことからNOTゲ

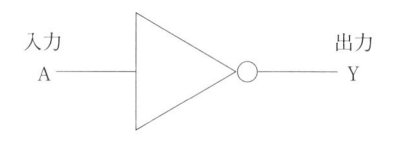

図6-3 NOTゲート

表6-3 NOTゲートの真理値表

入力	出力
A	Y
L	H
H	L

ートの基本動作を"否定"と言います。

次に, NANDゲートについて説明します。

NANDゲートは,"ナンドゲート"と発音します。NANDゲートは, ANDゲートの出力側にNOTゲートを接続したものです (**図6-4**)。図記号は**図6-5**のように書きます。NANDゲートの真理値表を **表6-4** に示します。入力AとBの両方が"H"レベルのときのみ出力Yは"L"レベルになります。入力AとBの両方が"L"レベルのとき, またはどちらかが"H"または"L"レベルのときに出力Yは"H"レベルになります。

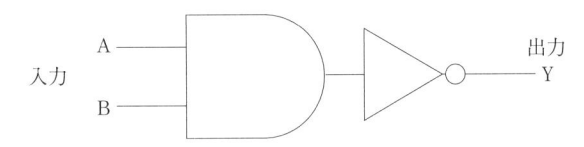

図6-4 ANDゲートの出力側にNOTゲートを接続する

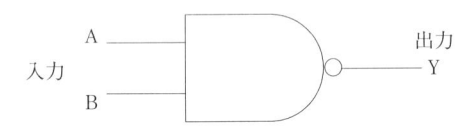

図6-5 NANDゲートの図記号

表6-4 NANDゲートの真理値表

入 力		出 力
A	B	Y
L	L	H
L	H	H
H	L	H
H	H	L

（2）無安定マルチバイブレータの基本動作

デジタルICを使用した無安定マルチバイブレータは，上記のNOTゲートまたはNANDゲートを複数組み合わせて回路構成します。

市販の代表的なNOTゲートのIC型式は74LS04（**写真6-1**(a)）です。NANDゲートのIC型式は74LS00（写真6-1(b)）です。IC形状はどちらもDIP型（デュアルインラインパッケージの略）で7個づつ合計14個の端子を持っています。74LS04のピン番号とNOTゲートの配置を**図6-6**に，74LS00のピン番号とNANDゲートの配置を**図6-7**に示します。74LS04には，6個のNOTゲートが入っています。74LS00には，4個のNANDが入っています。ICの電源電圧V_{cc}は14番ピンと7番ピン（GND）に5V（電圧範囲4.5V〜5.5V）を加えます。

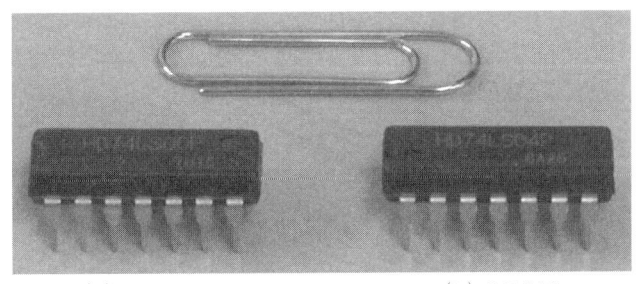

　　　　　(a) 74LS04　　　　　(b) 74LS00

写真6-1　市販の74LS04と74LS00

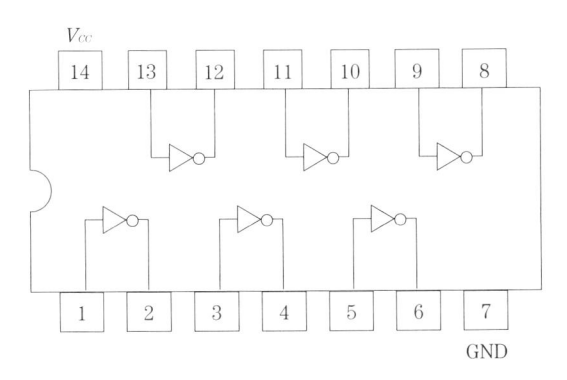

図6-6　74LD04のピン番号とNOTゲートの配置

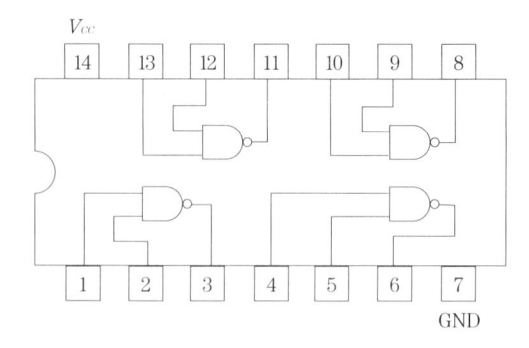

図6-7　74LD00のピン番号とNOTゲートの配置

デジタルICを使用した無安定マルチバイブレータは，上記のNOTゲートまたはNANDゲートを使用します。

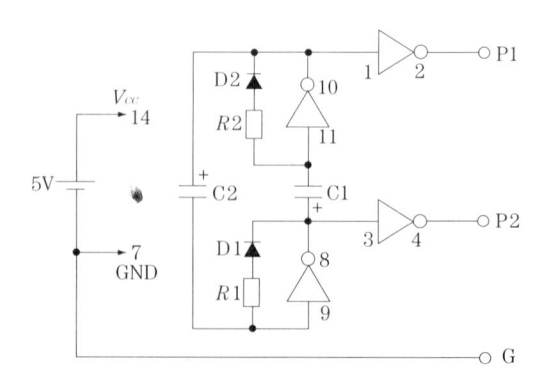

NOTゲートを使用した無安定マルチバイブレータの基本回路を **図6-8**に，NANDゲートを使用した基本回路を **図6-9**に示します。NOTゲートの場合は6個のゲートのうち，4個を使用します。NANDゲートの場合は4個すべてを使用します。

NOTゲートを使用した無安定マルチバイブレータの基本動作を説明します（**写真6-10**）。

＜ステップ1＞

図6-8　NOTゲートを使用した無安定マルチバイブレータ

114

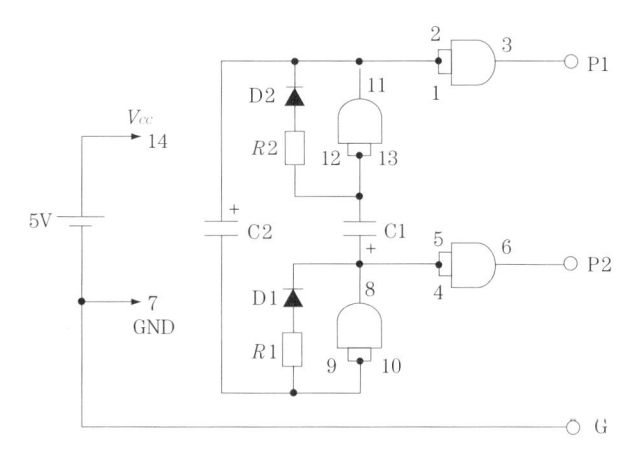

図6-9 NANDゲートを使用した無安定マルチバイブレータ

　NOTゲートAの入力側9番ピンが"L"レベルであるとします。これにより出力側8番ピンは"H"レベルになります。出力側8番ピンが"H"レベルになると，コンデンサC1，抵抗$R2$，ダイオードD2の経路で電流が流れ，コンデンサC1を充電していきます。このときコンデンサC1と抵抗$R2$の接続点（NOTゲートCの入力側11番ピンに接続されている）の電圧は低下していきますが，"H"レベルを維持し，NOTゲートCの入力端子11番ピンは"H"レベルになります。

　この結果，NOTゲートBの出力側4番ピン（端子P2）は"L"レベルになり，NOTゲートDの出力側2番ピン（端子P1）は"H"レベルになります。

＜ステップ2＞

　コンデンサC1の充電が進んでくると，コンデンサC1と抵抗$R2$の接続点の電圧は，NOTゲートCの入力スレッシュホールド電圧より小さくなり，"H"レベルを維持できなくなり，"L"レベルに反転します。その結果，NOTゲートCの出力側10番ピンは"H"レベルになります。

＜ステップ3＞

　NOTゲートCの出力側10番ピンが"H"レベルになると，コンデンサC2，抵抗$R1$，ダイオードD1の経路で電流が流れ，コンデンサC2を充電していき

115

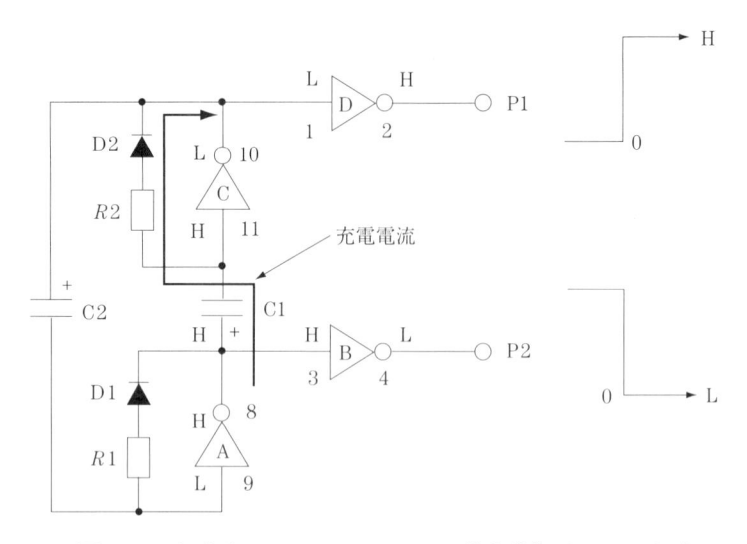

図6-10　無安定マルチバイブレータの基本動作（ステップ1）

ます．コンデンサ$C2$と抵抗$R1$の接続点の電圧は低下していきますが，"H"レベルを維持し，NOTゲートAの入力端子9番ピンは"H"レベルになります．

この結果，NOTゲートBの出力側4番ピン（端子P2）は"H"レベルになり，NOTゲートDの出力側2番ピン（端子P1）は"L"レベルになります（**図6-11**）．

＜ステップ4＞

コンデンサ$C2$の充電が進んでくると，コンデンサ$C2$と抵抗$R1$の接続点の電圧は，NOTゲートAの入力スレッシュホールド電圧より小さくなり，"H"レベルを維持できなくなり，"L"レベルに反転します．このときコンデンサ$C1$は放電します．

この後，ステップ1の動作に戻ります．

NOTゲートAの入力9番ピンが"H"レベルから"L"レベルに反転したときにコンデンサ$C2$は放電します．

このようにコンデンサ$C1$と$C2$は充放電を繰り返しながら"H"レベルと"L"レベルの動作を繰り返します．すなわち，端子P1とP2から"H"レベル

6-1 デジタルICと無安定マルチバイブレータ

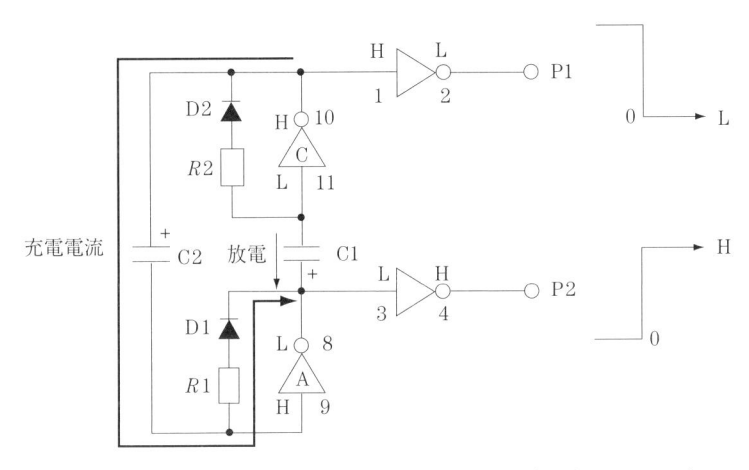

図6-11 無安定マルチバイブレータの基本動作(ステップ3)

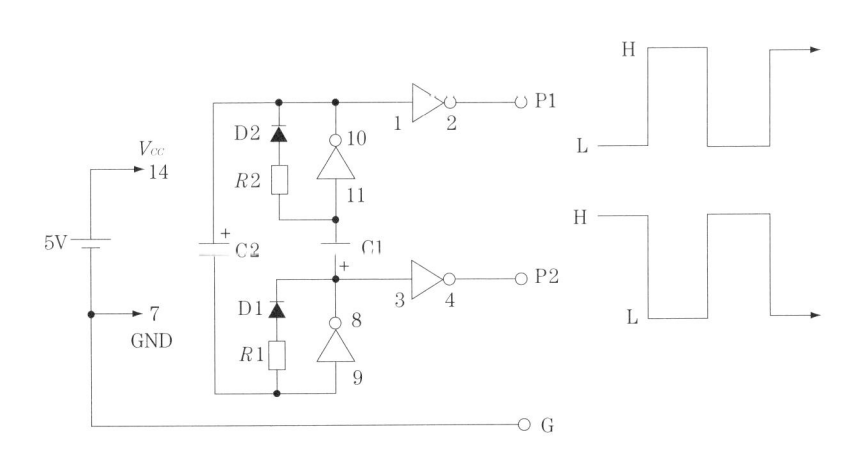

図6-12 無安定マルチバイブレータの端子P1とP2の出力

と"L"レベルが交互に出力されます(**図6-12**)。

"H"レベルと"L"レベルの繰り返し周期は，C1とR2の直列回路，C2とR1の直列回路で決めることができます。

直流電圧EにコンデンサCと抵抗Rの直列回路が接続されています(図6-

117

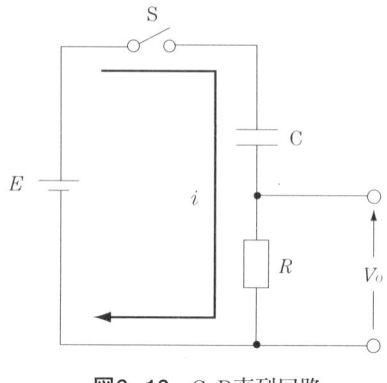

図6-13　C-R直列回路

13）。

スイッチSをONにした後の抵抗Rの端子電圧V_Oの式を求めます。

キルヒホッフの法則から次式が得られます。

$$E = \frac{1}{C}\int i\,dt + Ri \tag{6-4}$$

このような式を積分方程式と言います。この式を初期条件（$t=0$のとき$i=\frac{E}{R}$）で解くと次式が得られます。

$$i = \frac{E}{R}\exp\left(-\frac{1}{RC}t\right) \tag{6-5}$$

したがって，出力電圧V_Oは

$$V_O = Ri = R \cdot \frac{E}{R}\exp\left(-\frac{1}{RC}t\right) = E\exp\left(-\frac{1}{RC}t\right) \tag{6-6}$$

が得られます。

式（6-6）をグラフにすると**図6-14**が得られます。出力電圧V_Oは時間tとともに指数関数的に減少します。出力電圧V_OがNOTゲートの入力スレッシュホールド電圧より小さくなったときにNOTゲートの動作が"H"レベルから"L"レベルに反転します。

入力スレッシュホールド電圧をV_Tとし，反転するまでの時間（半周期）をT_1

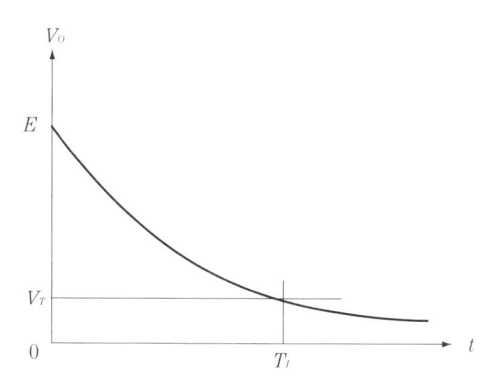

図6-14　出力電圧の経時変化

とすると，

$$V_T = E\exp\left(-\frac{1}{RC}T_l\right) \tag{6-7}$$

となります。

したがって，反転時間 T_l は

$$T_l = -CR\ln\left(\frac{V_T}{E}\right) \tag{6-8}$$

で与えられます。

ここで，$C=2.2\,\mu\text{F}$，$R=2\,\text{k}\Omega$，$E=5\text{V}$，$V_T=0.5\text{V}$ を代入します。

$$T_l = -4.7\times10^{-6}\times2\times10^3\times\ln\left(\frac{0.5}{5}\right) = 10.1\text{ms}$$

したがって，周波数 f は

$$f = \frac{1}{2\times0.0101} = 49.3\text{Hz}$$

が得られます。すなわち，図6-12の回路で，コンデンサ$C1=C2=2.2\,\mu\text{F}$，$R1=R2=2\,\text{k}\Omega$ 抵抗とすれば約50Hzの繰り返し周期のパルスが得られます。

(3) 無安定マルチバイブレータの製作

実際に，ブレッドボード上で無安定マルチバイブレータを回路構成します。NOTゲートまたはNANDゲートを使用した実験回路を**図6-15**および**図6-16**

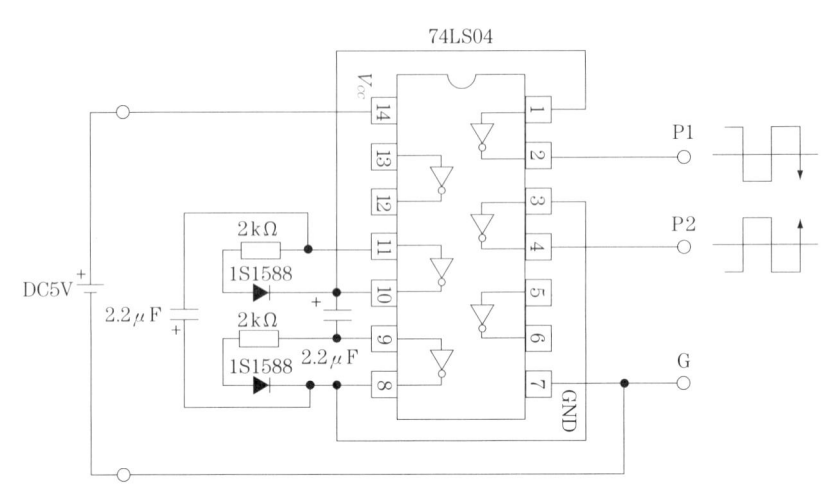

図6-15 74LS04を使用した無安定マルチバイブレータの実験回路

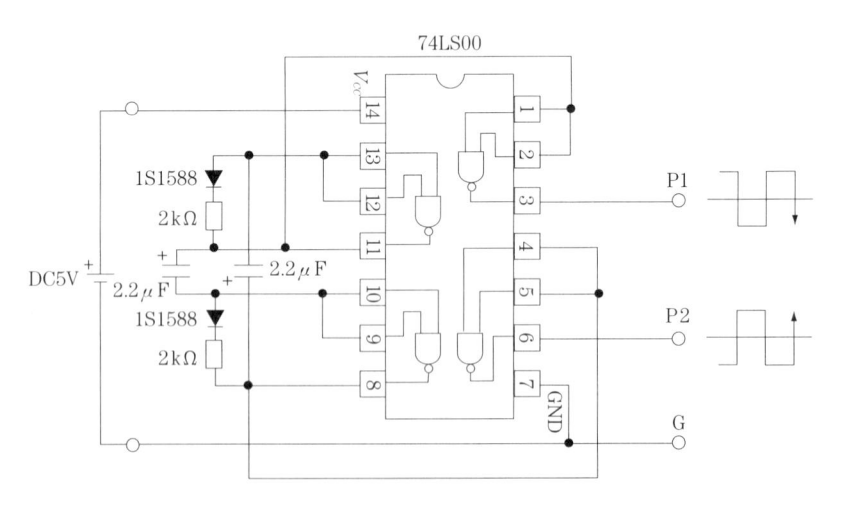

図6-16 74LS00を使用した無安定マルチバイブレータの実験回路

に示します。コンデンサC1とC2は電解コンデンサ2.2μFを，抵抗$R1$と$R2$は2kΩを使用します。ダイオードは汎用の1S1588を使用します。電源電圧（DC5V）は直流電源から供給します。

ブレッドボード上でNANDゲートを使用して回路構成した無安定マルチバイブレータを**写真6-2**および**写真6-3**に示します。

組み立てた無安定マルチバイブレータの端子P1とP1の出力波形を**写真6-4**に示します。端子P1とP2の出力は互いに"H"レベルと"L"レベルが交互に出力されています。"H"レベルの大きさは約4Vで，周期Tは約18msです。

周期を求めると，

$$f = \frac{1}{18\text{ms}} = 55.5\text{Hz}$$

になります。上記（2）項の計算では周期は $f = 49.3$Hzでしたので，計算値にほぼ近い周期が得られました。

写真6-2 ブレッドボード上で回路構成した無安定マルチバイブレータ（横から見た）

第6章 DC-ACインバータ

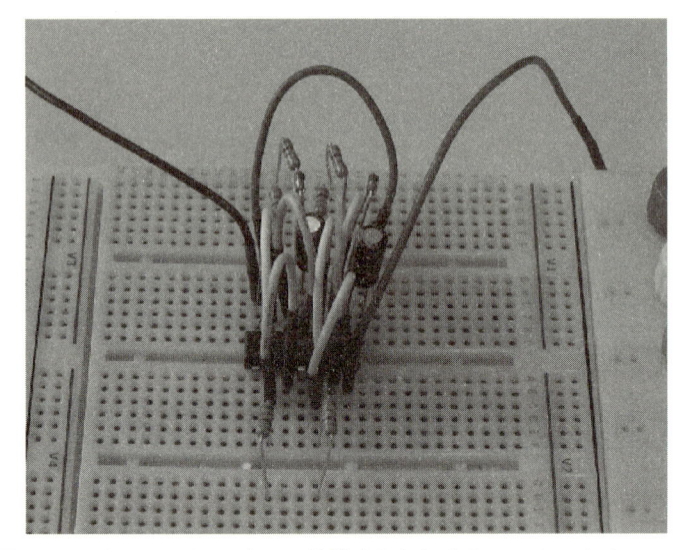

写真6-3 ブレッドボード上で回路構成した無安定マルチバイブレータ（上から見た）

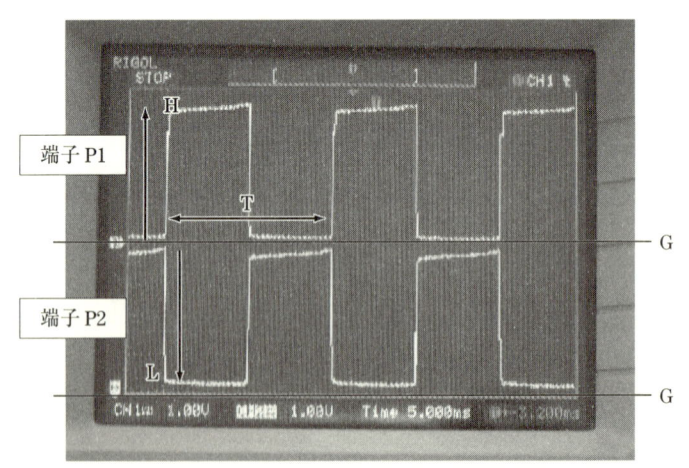

写真6-4 組み立てた無安定マルチバイブレータの出力波形

6-2　DC-ACインバータの製作と実験

　上記のブレッドボード上で回路構成した無安定マルチバイブレータを使用したDC-ACインバータを製作します。直流入力DC12VからAC100V-0.5A出力（矩形波）のDC-ACインバータを机上で組み立てます。その後で，組み立てたDC-ACインバータの負荷試験をします。

(1) DC-ACインバータの製作

　製作するAC-DCインバータの回路構成を**図6-17**に示します。使用するトランスは1次側0V-100V-110V，2次側0V-12V-20V-22V-24V（5A）の通常の電源トランス（菅野電機研究所製SP-245，**写真6-5**）を使用します。2次側は12V中間タップ付で24Vを出力します。インバータトランスとしては，1次側と2次側を逆に使用します。すなわち，1次側を0V-12V-24Vとし，2次側を0V-110Vとします。

　トランスの1次側のスイッチング用のトランジスタはダーリントン型のパワートランジスタ（東芝製2SD2131，**図6-18**，**図6-19**，**表6-5**および**表6-6**）を使用します。このトランジスタは，等価回路に示すように，2個のトラ

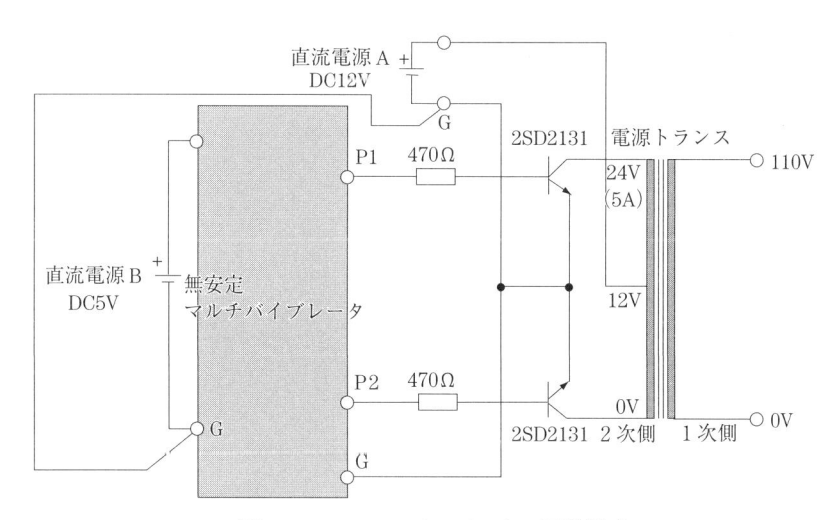

図6-17　DC-ACインバータの回路構成

第6章 DC-ACインバータ

写真6-5 市販の電源トランス

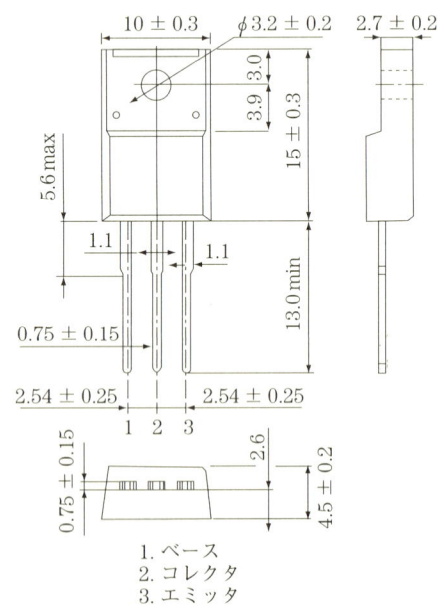

1. ベース
2. コレクタ
3. エミッタ

図6-18 2SD2131の外形図（単位：mm）

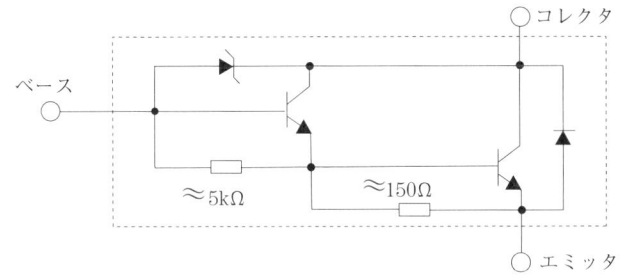

図6-19　2SD2131の等価回路

ンジスタがダーリントン接続された構造のトランジスタで，高い電流増幅率（$h_{FE}=2000 \sim 15000$）を持ちます。

2SD2131は放熱フィンに取り付けて使用します（**写真6-6**）。また，2個のトランジスタを含むスイッチング回路部は中継端子を使用して回路構成しました（**写真6-7**）。スイッチング回路部とトランスタップとの配線を**写真6-8**に示します。無安定マルチバイブレータ，スイッチング回路部，トランスを並べて机上ですべて配線し，回路構成したDC-ACインバータ全景を**写真6-9**に示します。

(2) **DC-ACインバータの実験**

　机上で組み立てたDC-ACインバータの動作実験をします。インバータの入力側の電源A（35V-10A）と無安定マルチバイブレータの電源B（18V-2A）は市販の直流電源を使用します。電源のスイッチを入れてDC-ACインバータを動作させます。無負荷時の動作実験の様子を**写真6-10**に示します。

　このときの出力波形を**写真6-11**に示します。出力波形は矩形波が得られます。無負荷時の波形です。矩形波のピーク電圧を読み取ると約100Vが得られます。また，矩形波の周期を読み取ると20msが得られ，周波数を求めると$T=\dfrac{1}{20\mathrm{ms}}=50\mathrm{Hz}$であることがわかります。無安定マルチバイブレータで設定した周波数とほぼ同じ周波数でトランジスタがスイッチングし，矩形波出力が得られることが確認できます。

表6-5 2SD2131の絶対最大定格 ($Ta=25℃$)

項　目	記　号	定　格	単　位
コレクタ・ベース間電圧	V_{CBO}	60±10	V
コレクタ・エミッタ間電圧	V_{CEO}	60±10	V
エミッタ・ベース間電圧	V_{EBO}	7	V
コレクタ電流　DC	I_C	5	A
コレクタ電流　パルス	I_{CP}	8	A
ベース電流	I_B	0.5	A
コレクタ損失　$Ta=25℃$	P_C	2	W
コレクタ損失　$Tc=25℃$	P_C	30	W
接合温度	T_J	150	℃
保存温度	T_{stg}	−55±150	℃

表6-6 2SD2131の電気的特性 ($Ta=25℃$)

項　目	記号	測定条件	最小	標準	最大	単位
コレクタしゃ断電流	I_{CBO}	$V_{CB}=100V, I_E=0$	−	−	10	μA
エミッタしゃ断電流	I_{EBO}	$V_{EB}=6V, I_C=0$	−	−	2.5	mA
コレクタ・エミッタ間降伏電圧	$V_{(BR)CEO}$	$I_C=50mA, I_B=0$	50	60	70	V
直流電流増幅率	$h_{FE(1)}$	$V_{CE}=3V, I_C=3A$	2000	−	15000	
直流電流増幅率	$h_{FE(2)}$	$V_{CE}=3V, I_C=5A$	1000	−	−	
コレクタ・エミッタ間飽和電圧	$V_{CE(sat)}$	$I_C=3A, I_B=6mA$	−	1.1	1.5	V
ベース・エミッタ間飽和電圧	$V_{BE(sat)}$	$I_C=3A, I_B=6mA$	−	1.7	2.5	V
スイッチング時間　上昇時間	t_r	$I_B=6mA, 20\mu s$ 繰り返し周期<1%	−	1.0	−	μs
スイッチング時間　蓄積時間	t_{stg}	$I_B=6mA, 20\mu s$ 繰り返し周期<1%	−	4.0	−	μs
スイッチング時間　下降時間	t_f	$I_B=6mA, 20\mu s$ 繰り返し周期<1%	−	2.5	−	μs

6-2 DC-ACインバータの製作と実験

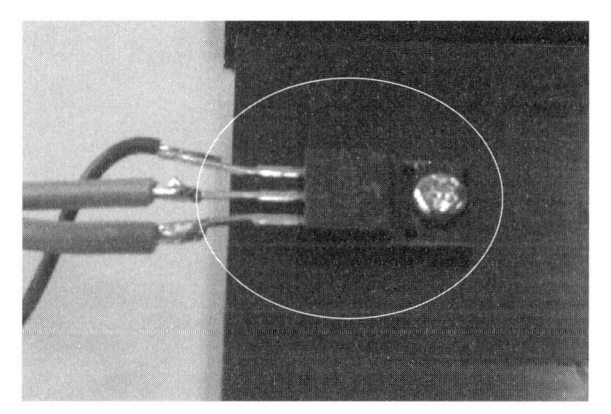

写真6-6 2SC2131を放熱フィンに取り付ける

写真6-7 2SC2131を2個使用した入力回路部

第6章 DC-ACインバータ

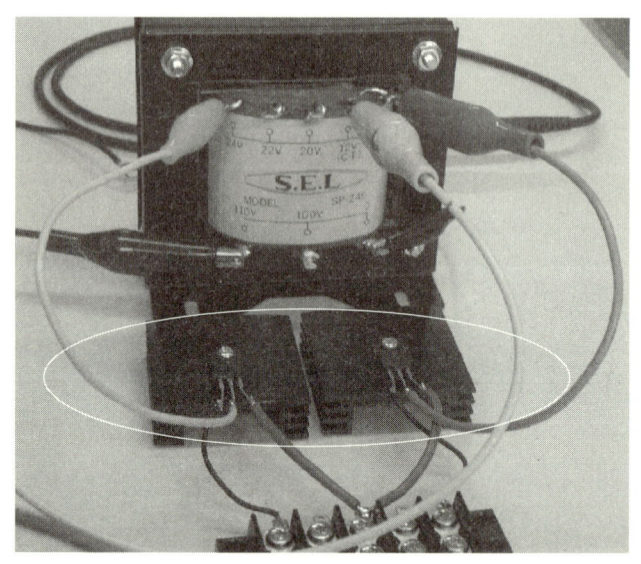

写真6-8 スイッチング回路部とトランスタップとの配線

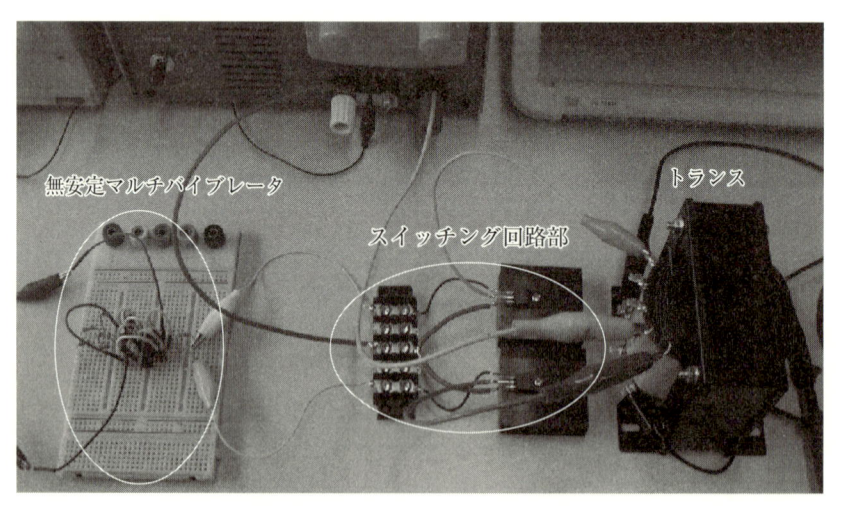

写真6-9 DC-ACインバータの全体構成

6-2 DC-ACインバータの製作と実験

写真6-10 DC-ACインバータの無負荷動作実験

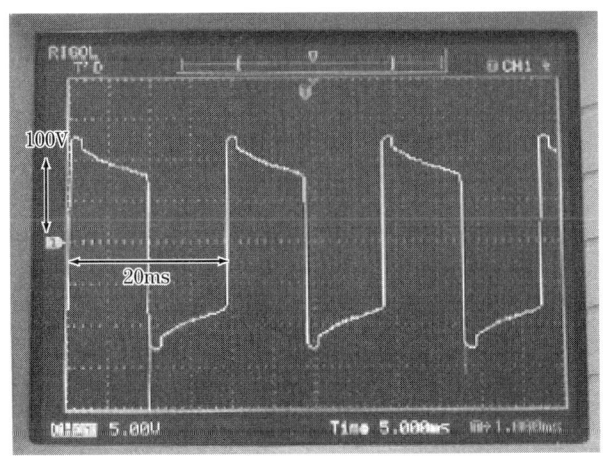

写真6-11 DC-ACインバータの出力波形(無負荷時)

次に，DC-ACインバータに負荷を接続し，このときのトランスの1次側/2次側の電圧と電流（DC-ACインバータの入出力特性）を測定します。また，これらの測定値からインバータの変換効率を求めます。負荷は抵抗負荷ではなく，市販の白熱電球（10W，20W，30W，40W，60W，80W）を使用します。

測定結果を**表6-7**および**図6-20**に示します。入出力の電圧と電流値はデジタルテスタで測定しました（**写真6-12**）。電球のワット数が大きくなるとトランス1次側の入力電流と電力，2次側の出力電流と電力が大きくなります。インバータの効率 η は，入力側の電圧，電流を V_1, I_1，出力側の電圧，電流を V_2, I_2 とすると，次式から求めることができます。

$$\eta = \frac{W_2}{W_1} \times 100 = \frac{V_2 \times I_2}{V_1 \times I_1} \times 100 \ [\%]$$

電球30Wのときの効率は

$$\eta = \frac{96.0\mathrm{V} \times 0.287\mathrm{A}}{11.4\mathrm{V} \times 2.57\mathrm{A}} \times 100 = 94.0 \ [\%]$$

が得られます。表の効率はこのようにして計算しました。

トランス2次側の電圧-電流特性を**図6-21**に示します。2次側の出力電圧は，電球のワット数が大きくなると低下していきます。すなわち，負荷電流が増えると出力電圧は低下していくことがわかります。使用したトランスの出力容量は60VAなので，トランスの変換効率を85％とするとインバータ出力としては50VAになります。出力電圧を100Vとすると，取り出せる最大の電流は約0.5Aになります。

製作したDC-ACインバータの出力仕様としては，表6-7の2次側の電圧-電流特性，図6-21の特性から，矩形波AC100V±10％，0.5Aということができます。

写真6-13は80Wの電球を点灯させたときの負荷実験の様子を，**写真6-14**はそのときの出力波形を示します。出力波形の形状は，無負荷のときとほぼ同じで大きな波形ひずみなどは見られませんでした。

表6-7 DC-ACインバータの入出力電圧-電流と変換効率

電球(W)	1次側			2次側			効率(%)
	電圧(V)	電流(A)	電力(W)	電圧(V)	電流(A)	電力(W)	
0	12.0	0.38	4.6	110.2	0	0	0.0
10	11.5	1.14	13.1	101.5	0.106	10.8	82.1
20	11.5	1.84	21.2	99.1	0.193	19.1	90.4
30	11.4	2.57	29.3	96.0	0.287	27.6	94.0
40	11.4	3.52	40.1	93.1	0.375	34.9	87.0
60	11.4	4.41	50.3	87.9	0.527	46.3	92.1
80	11.4	5.52	62.9	79.3	0.671	53.2	84.6

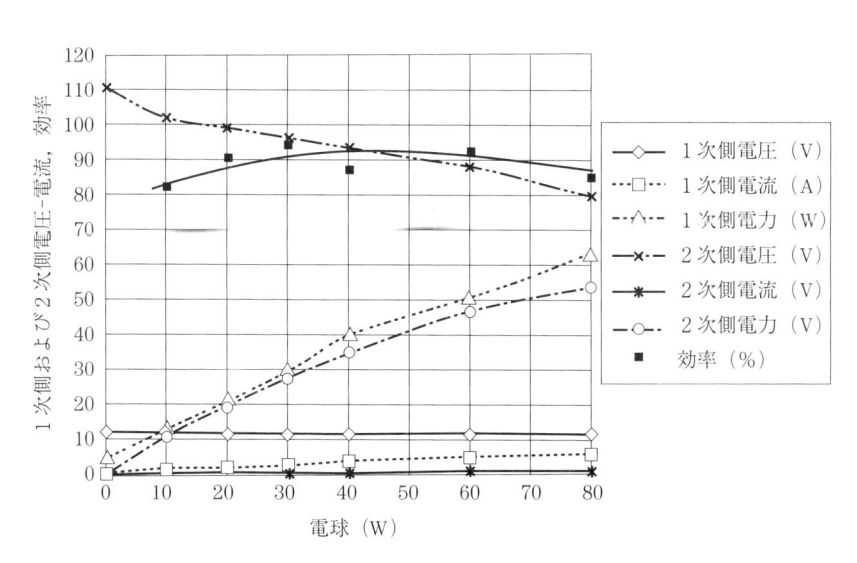

図6-20 DC-ACインバータの入出力電圧-電流と変換効率

第 6 章　DC-ACインバータ

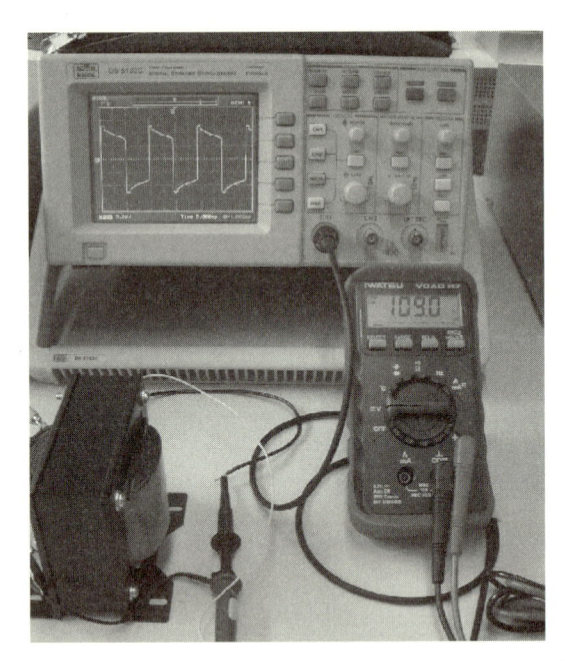

写真6-12　出力電圧をデジタルテスタ（ACレンジ）で測定する

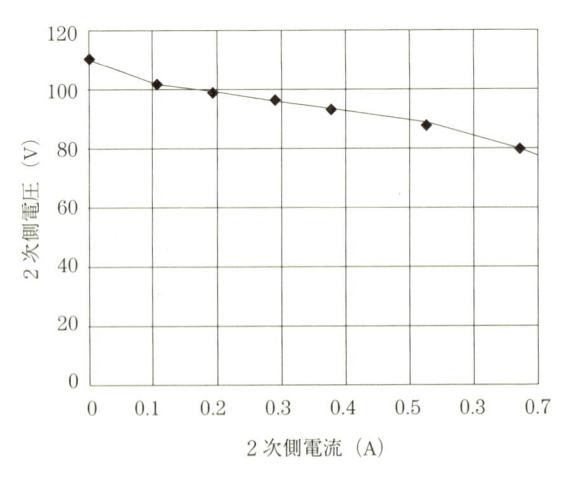

図6-21　DC-ACインバータの負荷特性

6-2 DC-ACインバータの製作と実験

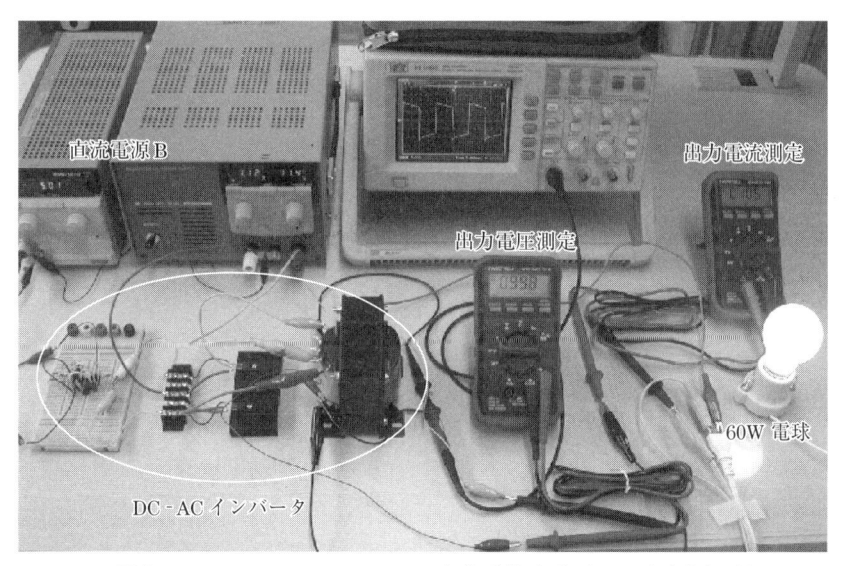

写真6-13 DC-ACインバータの負荷動作実験(80W電球点灯時)

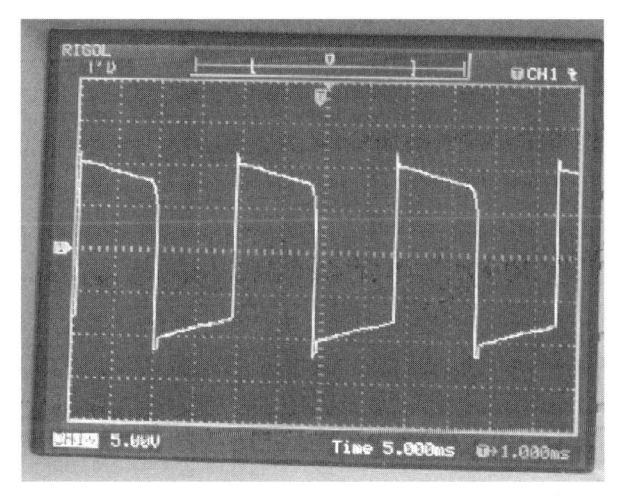

写真6-14 DC-ACインバータの出力波形(80W電球負荷時)

7 DC-DCコンバータ

　無安定マルチバイブレータ，スイッチングトランジスタ，電源トランス，3端子レギュレータを組み合わせたDC-DCコンバータを製作します。商用50／60Hzの電源トランスを10kHz程度のスイッチングトランスとして使用し，入力電圧3V，出力電圧5V 5mAの絶縁型DC-DCコンバータを製作します。最初に，商用電源トランスの周波数特性の実験をします。次に，DC-DCコンバータの基本回路部を製作します。最後に，トランス2次側の整流回路部に3端子レギュレータを接続し，定電圧DC-DCコンバータとして仕上げます。

7-1　電源トランスの周波数特性

　市販のDC-DCコンバータは，小型化と変換効率を上げるため，通常，数100kHz～数10MHz程度の高周波でスイッチング動作をさせるためフェライトを使用した高周波トランスを組み込んでいます。

　本章では，市販の電源トランスをスイッチング用トランスとして使用します。そのため，商用電源トランスがどの程度の周波数領域で使用できるかを調べるために，トランスの周波数特性を測定します。すなわち，トランスの1次側の電圧の周波数を上げていったときに，2次側の電圧がどの程度低下していくかを調べます。

　実験に使用するトランスは，大阪高波製電源トランスTWA-0025（**写真7-1**，1次側0-100V，2次側0-6V-12V，負荷容量3VA）を使用します。

　周波数特性の測定回路を**図7-1**に示します。電源トランスの1次側と2次側を逆に使用します（以降，タップ0-6V-12Vを1次側，タップ0-100Vを2次側と称します）。発振器の出力ラインをトランスの1次側0-6Vに接続し，1次側と2次側のタップにオシロスコープのCH1とCH2のプローブをそれぞれ接続し

135

第7章 DC-DCコンバータ

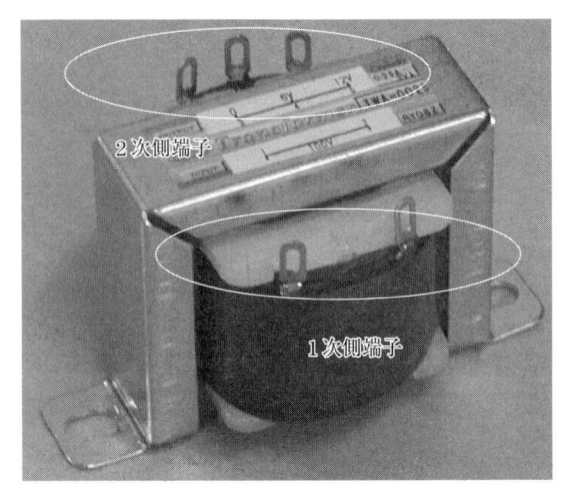

写真7-1 市販の電源トランス

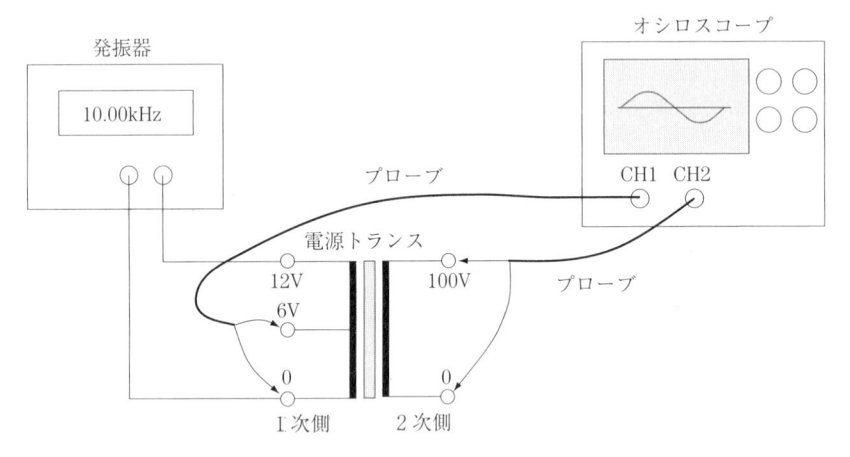

図7-1 トランスの周波数特性測定回路

ます．発振器の出力波形は正弦波形を設定し，正弦波形の電圧（$V1_{0-P}$）を一定にして周波数 f を50Hz～1000kHzの範囲で可変します．このときのトランスの1次側電圧 $V1_{0-P}$ と2次側電圧 $V2_{0-P}$ をオシロスコープで読み取ります（**写真7-2**）．

7-1 電源トランスの周波数特性

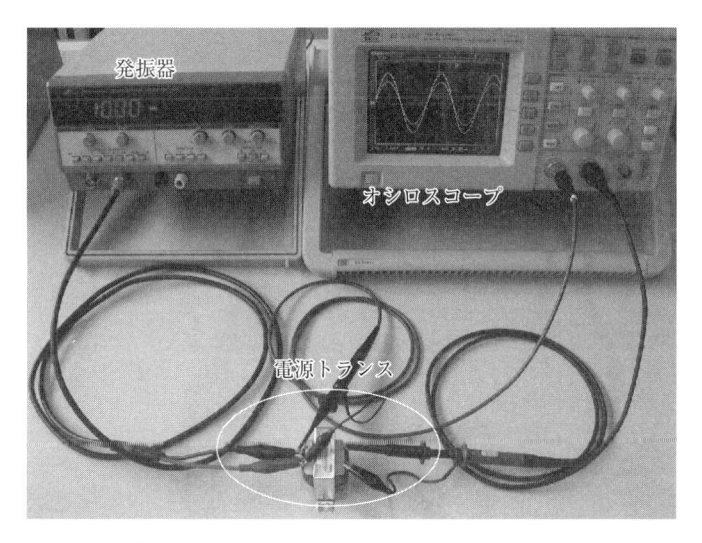

写真7-2 電源トランスの周波数特性を測定する

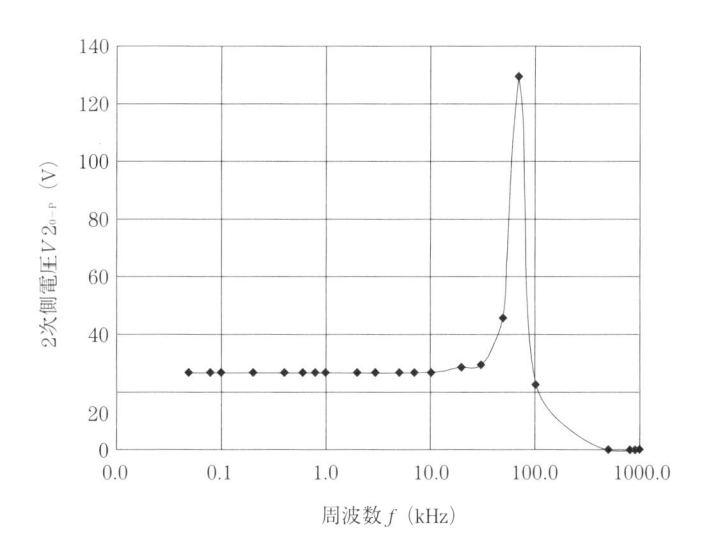

図7-2 電源トランスの周波数特性（$V1_{0-P}=2V$の場合）

測定結果を**図7-2**に示します。入力電圧を一定（$V1_{0-P}=2V$）にして測定した場合です。測定した入出力波形の例を**写真7-3**に示します。

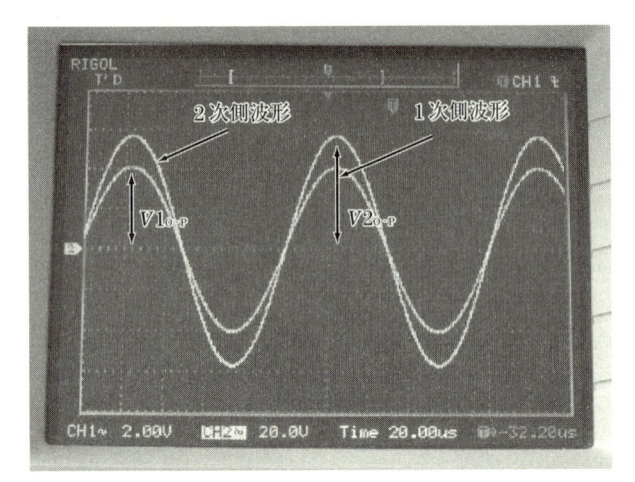

写真7-3 電源トランス入出力波形（$f=10\text{kHz}$, CH1：2V／DIV, CH2：20V／DIV））

周波数が20kHzまでは出力電圧の大きな変化はみられませんが，50kHzを超えると出力電圧は大きく変化し，100kHzを超えると出力電圧は急に低下していきます。

このことから，実験に用いた電源トランスは，DC-DCコンバータの10kHz前後のスイッチング用トランスとして使用できることが確認できました。

7-2　DC-DCコンバータの組み立て

最初に，74LS00を使用した無安定マルチバイブレータをブレッドボード上で組み立てます。次に，同じブレッドボード上でスイッチング用トランジスタを配線し，その後，上記の電源トランスと接続します。最後に，トランスの2次側に整流回路を接続してDC-DCコンバータの基本回路部を仕上げます。

無安定マルチバイブレータの基本回路は第6章図6-16と同じです。発振周波数を10kHz前後に設定するために，コンデンサと抵抗のみを変更します。それぞれの値は，$C1=C2=0.01\mu\text{F}$（セラミックコンデンサ），$R1=R2=2.1\text{k}\Omega$を選択します（**図7-3**）。製作した無安定マルチバイブレータと発振波形を**写真7-4**および**写真7-5**に示します。発振周波数は約7kHzが得られます。

次に，無安定マルチバイブレータの出力端子P1，P2にスイッチング用トラ

7-2 DC-DCコンバータの組み立て

ンジスタを接続します(図7-4および**写真7-6**)。トランジスタ駆動用無安定マルチバイブレータとして同じブレッドボード上で接続します。

スイッチング用トランジスタは，電流増幅率が大きく($h_{FE}=210$)，パルス駆動時の電流耐量が大きい($I_{CP}=5A$)，ストロボ用トランジスタ2SD879(パッケージ形状TO-92，耐圧$V_{CEO}=10V$，コレクタ電流$I_C=3A$，コレクタ損失$P_C=750mW$)を使用します。

次に，2個のトランジスタのコレクタ側と電源トランス1次側の0V端子と12V端子をそれぞれ接続します。そして，直流電源の＋端子をトランス1次側の6V端子に，－端子を2個のトランジスタの共通エミッタ側に接続します(図7-5および**写真7-7**)。

次に，トランスの2次側にダイオードブリッジ(400V-1A)と電解コンデンサ$100\mu F$(50V)で構成される整流回路を接続してDC-DCコンバータの基本回路を組み立てます(図7-6)。

最後に，DC-DCコンバータの出力側に可変抵抗($10k\Omega$)を接続し，負荷特性を測定します(図7-7および**写真7-8**)。すなわち，直流電源の電圧V_iを3V(一定)に設定して，可変抵抗を可変したときの可変抵抗の端子電圧V_oと流れ

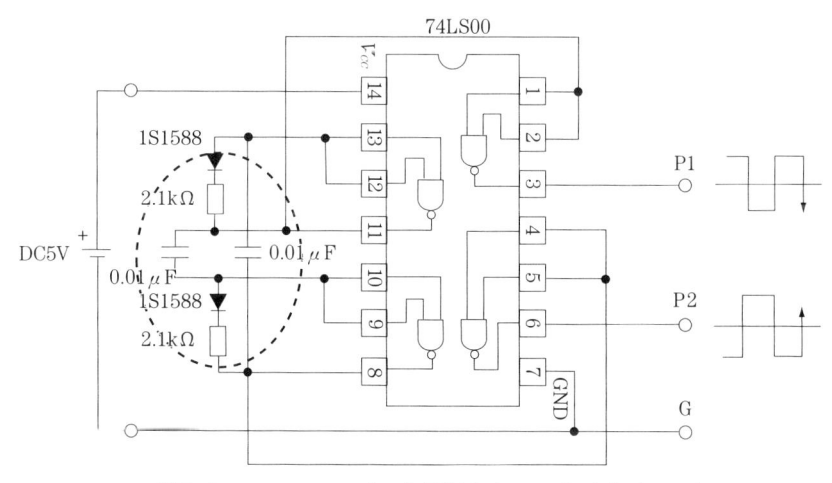

図7-3 DC-DCコンバータ用無安定マルチバイブレータ

第7章 DC-DCコンバータ

写真7-4 ブレッドボード上で無安定マルチバイブレータを製作する

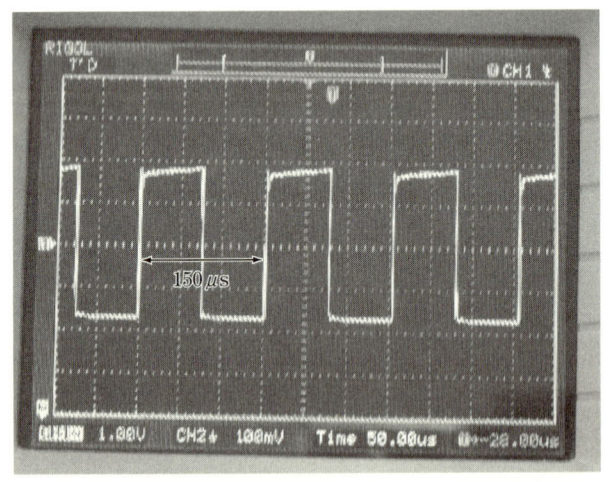

写真7-5 製作した無安定マルチバイブレータの発振波形

7-2 DC-DCコンバータの組み立て

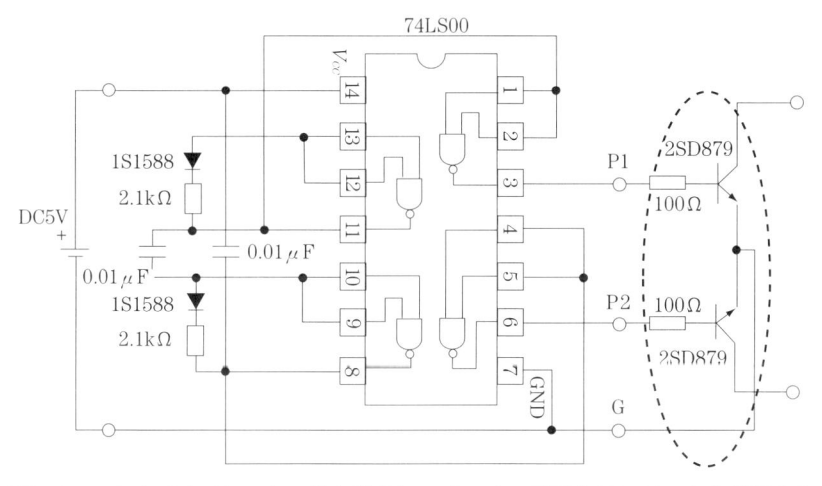

図7-4 マルチバイブレータの出力端子にスイッチング用トランジスタを接続する

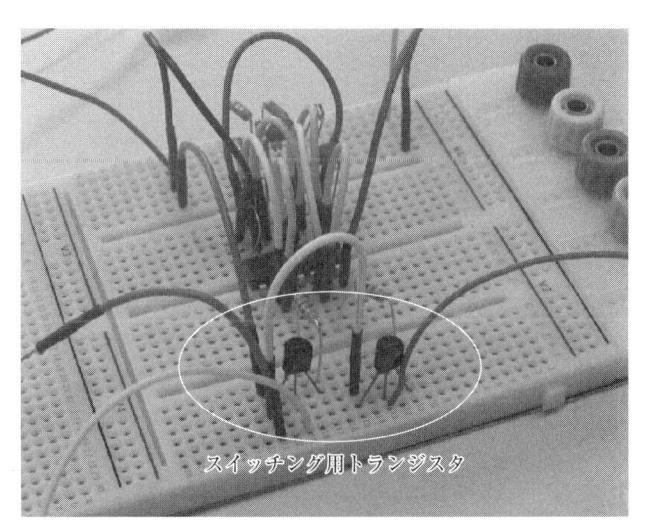

写真7-6 ブレッドボード上でスイッチング用トランジスタを接続する

第7章 DC-DCコンバータ

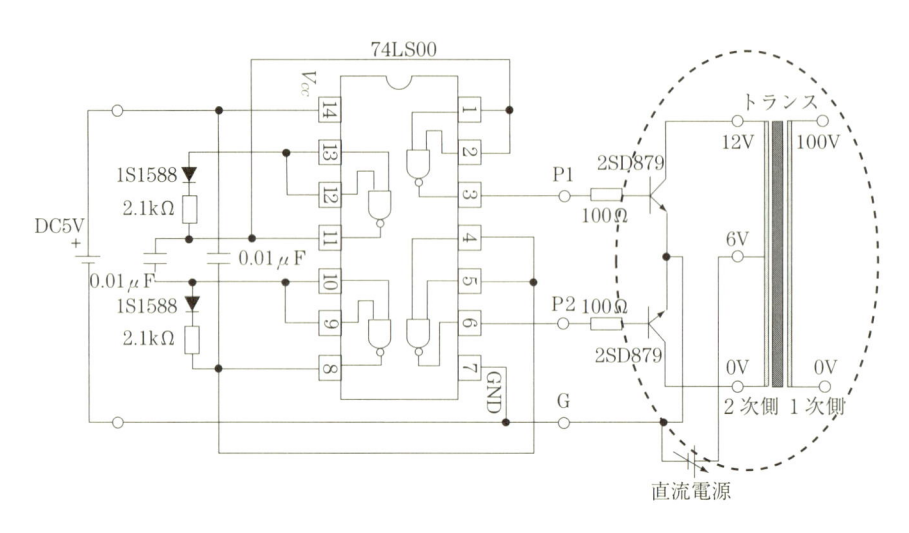

図7-5　スイッチング用トランジスタ側とトランス1次側を接続する

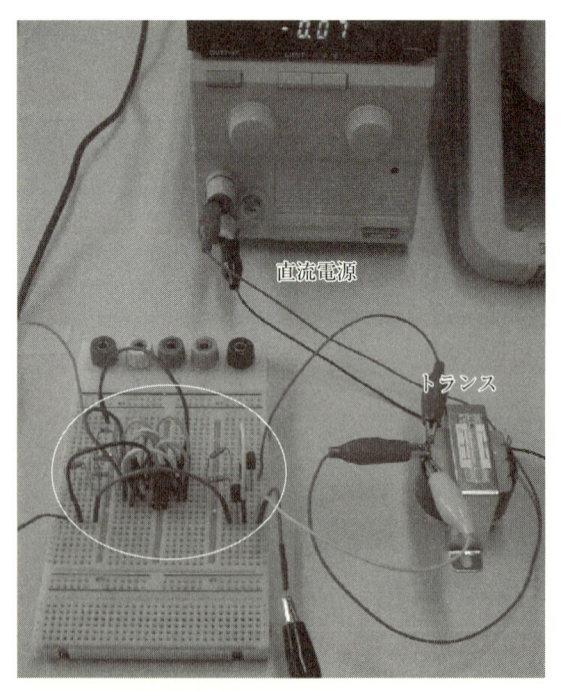

写真7-7　トランジスタ駆動用無安定マルチバイブレータとトランスを接続する

7-2 DC-DCコンバータの組み立て

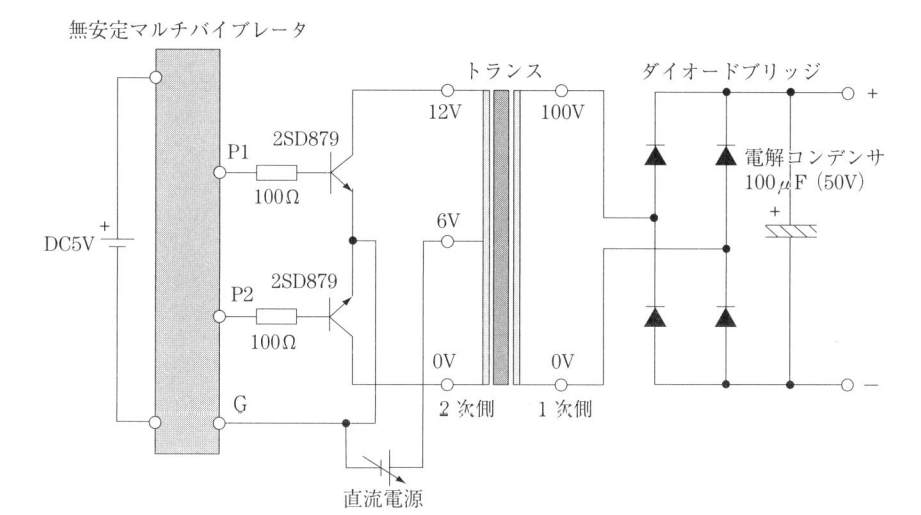

図7-6 DC-DCコンバータの基本回路

る電流I_oの関係を測定します。また，トランスの1次側と2次側の電圧波形を観測します。

測定結果を**図7-8**に示します。

負荷電流が大きくなると，抵抗の端子電圧は大きく低下します。すなわち，負荷電流が3mAのときは，端子電圧は約38Vですが，負荷電流が10mAになると端子電圧は7Vに低下します。このときのトランス1次側と2次側の電圧波形を**写真7-9**および**写真7-10**に示します。電圧波形の周期は$T=92\mu s$が得られます。これからDC-DCコンバータのスイッチングの周波数は$f=\dfrac{1}{T}=10.9kHz$であることがわかります。

先に，実験したように，トランスに接続する前の無安定マルチバイブレータ自身の発振周波数は約7kHzでしたが，DC-DCコンバータとして組み上げた状態では周波数が高周波側にシフトしました。この原因はいろいろ考えられます。トランジスタの入力特性やトランスのインダクタンスの影響などが考えられます。無安定マルチバイブレータは，文字通り"無安定"で，発振周波数は不安定です。安定した周波数を得るためにはタイマーICや水晶を用いた発振回路を組み込む必要があります。

第7章 DC-DCコンバータ

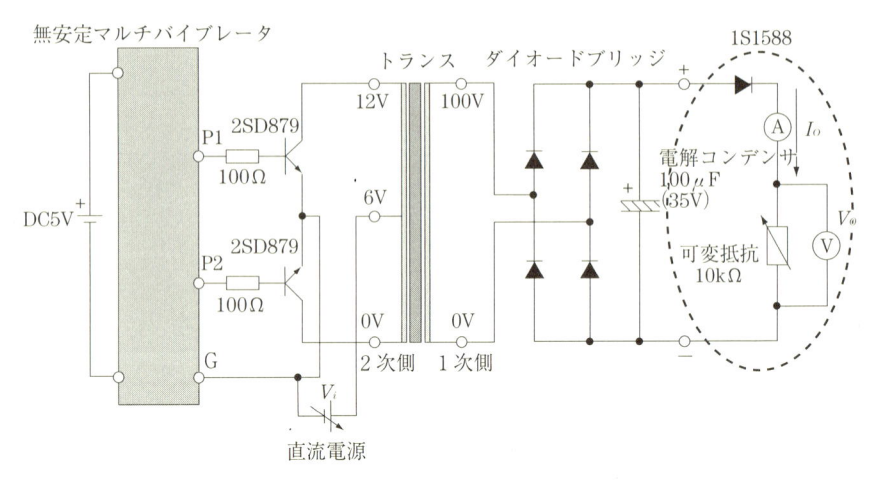

図7-7 DC-DCコンバータ基本回路の負荷特性測定回路

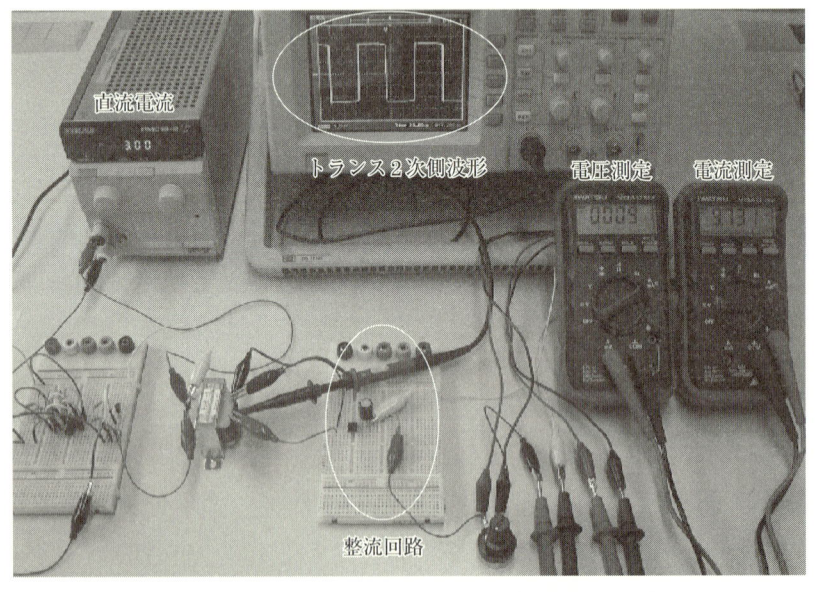

写真7-8 DC-DCコンバータ基本回路の負荷特性を測定する

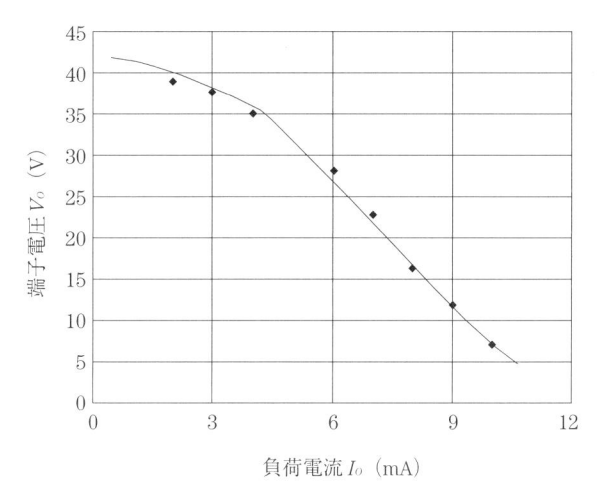

図7-8 DC-DCコンバータ基本回路の負荷特性

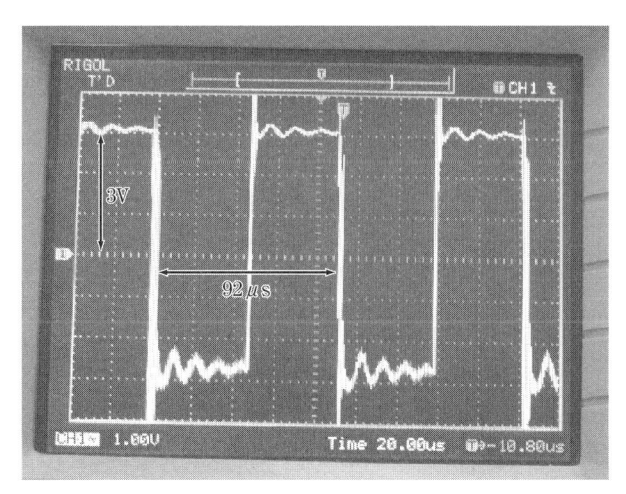

写真7-9 負荷特性測定時のトランス1次側の電圧波形

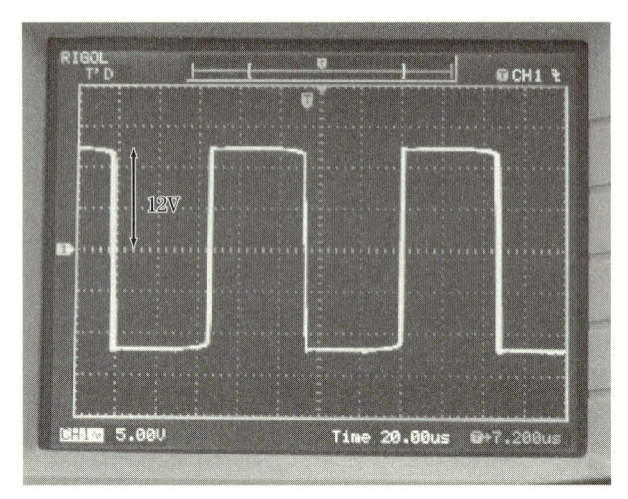

写真7-10 負荷特性測定時のトランス2次側の電圧波形

7-3 DC-DCコンバータの定電圧化

　製作したDC-DCコンバータの基本回路の出力側に3端子レギュレータを接続して出力電圧を一定化します。使用する3端子レギュレータは汎用の7805（5V定電圧）です。全体の回路構成を**図7-9**に示します（**写真7-11**）。DC-DCコンバータ基本回路の場合と同じ条件で負荷特性を測定します。すなわち，直流電源の電圧V_iを3V，4V（一定）に設定して，可変抵抗を可変したときの可変抵抗の端子電圧V_oと流れる電流I_oの関係を測定します。また，3端子レギュレータの出力側の電圧波形を観測します。

　測定結果を**図7-10**および**写真7-12**に示します。

　直流電源の電圧V_iが3Vの場合は，負荷電流が5mAの範囲では，3端子レギュレータの出力電圧（可変抵抗の端子電圧）は5V一定を維持します。一方，5mAを超えると出力電圧は低下していきます。また，電圧V_iが4Vの場合は，9mAまでは一定電圧を維持します。9mAを超えると出力電圧は同様に低下していきます。

　また，3端子レギュレータ出力側の電圧波形を見ると，リップルを含まない

7-3 DC-DCコンバータの定電圧化

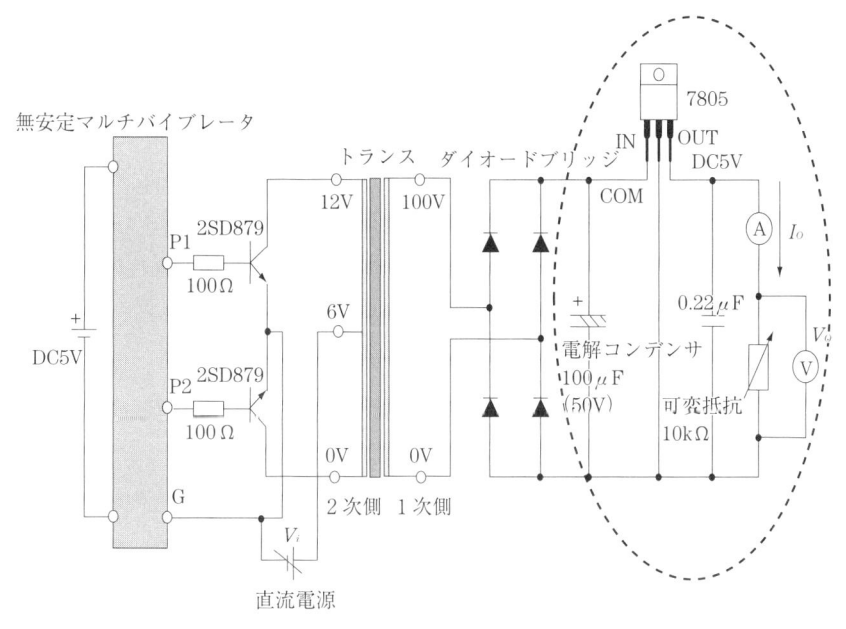

図7-9 定電圧DC-DCコンバータの負荷特性測定回路

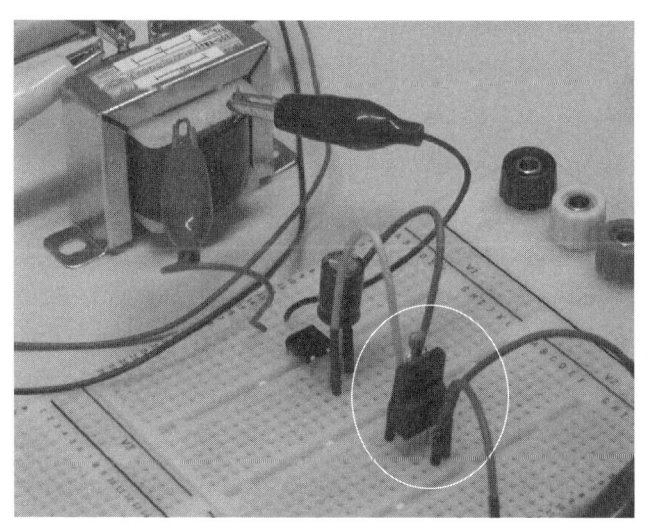

写真7-11 DC-DCコンバータ基本回路に3端子レギュレータを接続する

第7章　DC-DCコンバータ

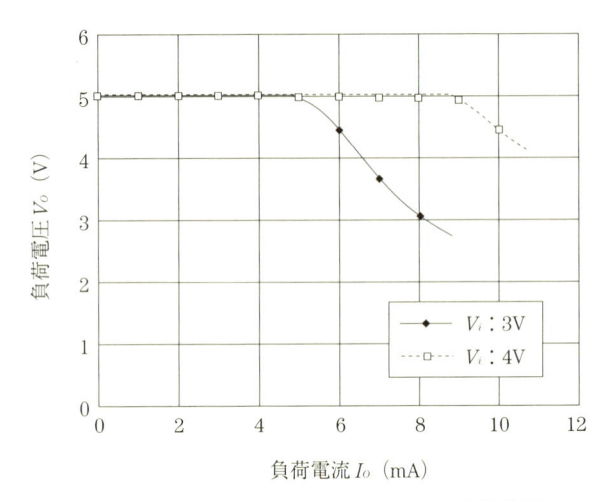

図7-10 定電圧DC-DCコンバータの負荷特性

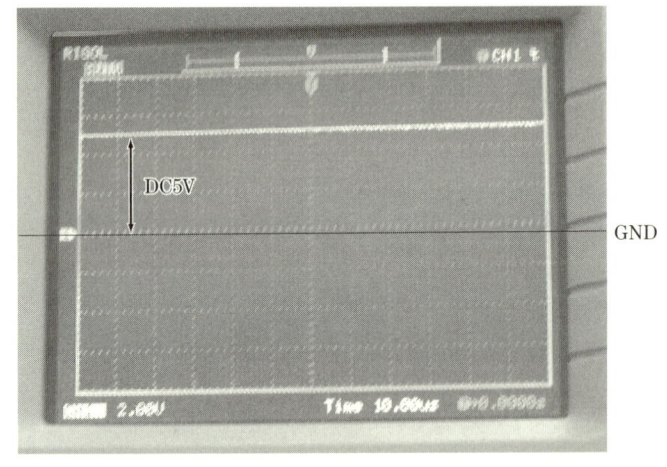

写真7-12 3端子レギュレータ出力側の電圧波形（$V_i = 3V$, $I_o = 5mA$の場合）

整流波形が得られています。

　最後に，直流電源の電圧V_iを3Vにした場合の3端子レギュレータの出力端子にLEDを接続し，点灯実験をします．LED点灯回路を**図7-11**に示します．

　LEDが点灯したときの電流制限用抵抗（100Ω）の端子電圧を測定し，LED

148

に流れる駆動電流を測定します。約6.8mAに電流が流れていることが確認できました（**写真7-13**）。

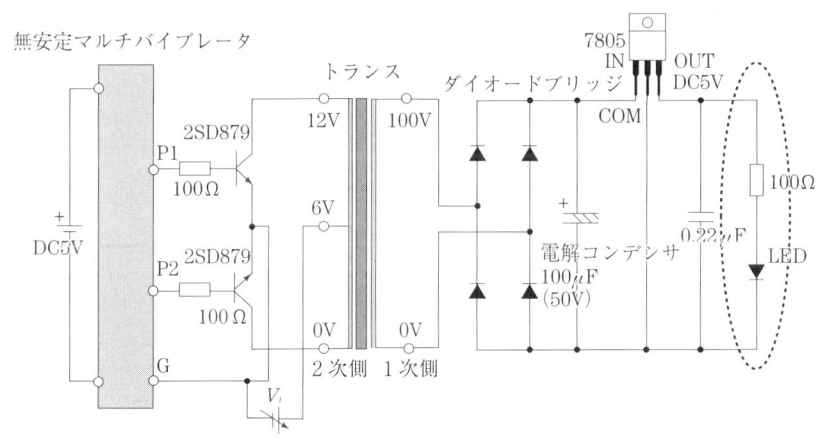

図7-11 DC－DCコンバータにLED点灯回路を接続する

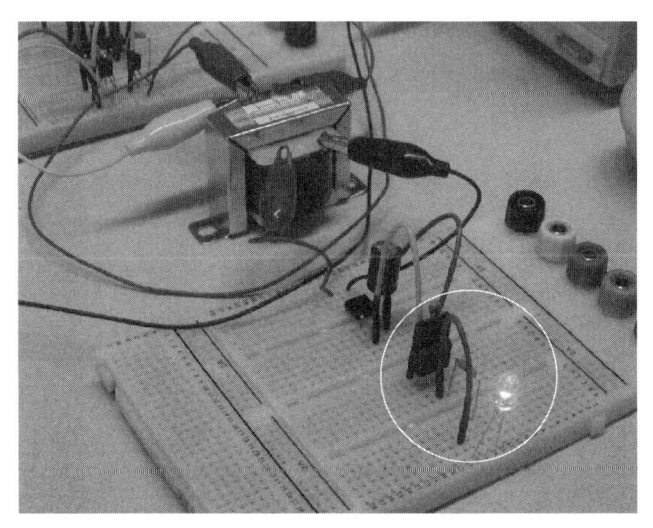

写真7-13 DC-DCコンバータにLED点灯回路を接続する

8 バッテリ充電回路

　3端子レギュレータの定電流回路を使用したDC12V鉛バッテリの充電回路の基本構成と製作，実験例について説明します。最初に，ブレッドボード上で充電回路を組み立て，電圧-電流特性を測定します，次に，組み立てた充電回路を使用したバッテリの充電動作について実験します。続いて，バッテリが満充電した際の満充電表示ランプの点灯回路と満充電に充電を停止する充電停止回路について説明します。最後に，充電回路に満充電表示回路と充電停止回路を付加して満充電表示機能＆充電停止機能付きバッテリ充電回路として仕上げます。

8-1　3端子レギュレータを使用した定電流回路

　3端子レギュレータはLM317Tを使用します。LM317Tは出力可変型のレギュレータICです。具体的な出力電圧の設定方法については第4章で説明しています。

　LM317Tは，もう1つ特徴的な使い方をすることができます。以下に示すように，比較的簡単に定電流回路を構成することができます。

　LM317Tを使用した定電流回路の基本形を**図8-1**に示します。端子V_{OUT}とADJの間に抵抗（R）を入れただけの回路です。

　定電流値I_{out}は，次式で求めることができます。すなわち，標準値$V_{REF}=1.25$Vを抵抗Rで割った値が定電流I_{OUT}になります。

$$I_{OUT} = \frac{V_{REF}}{R} = \frac{1.25\text{V}}{R} \tag{8-1}$$

抵抗の値を$R=2.2\Omega$とすると，

第8章 バッテリ充電回路

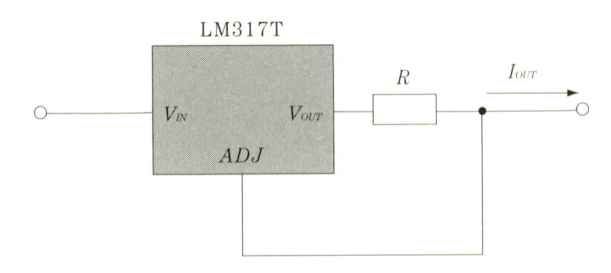

図8-1 3端子レギュレータLM317Tの定電流回路の基本形

$$I_{OUT} = \frac{1.25\text{V}}{2.2\,\Omega} = 0.57\text{A} \qquad (8\text{-}2)$$

となります。

抵抗2.2Ωに0.57A流れるので，抵抗の消費電力Pは

$P = 0.57^2 \times 2.2 = 0.71\text{W}$

になります。この場合，抵抗の発熱を考慮して3W～5Wの抵抗を使用すればよいことになります。

次に，実際に，ブレッドボード上で上記の定電流回路を構成し，電圧-電流特性を測定します（**写真8-1**）。

3端子レギュレータLM317Tには放熱板を取り付けます。実験回路を**図8-2**および**写真8-2**に示します。直流電源（菊水電子製PAN35-10A）の入力電圧V_iを24V一定にします。定電流回路の負荷には電子負荷装置（菊水電子製

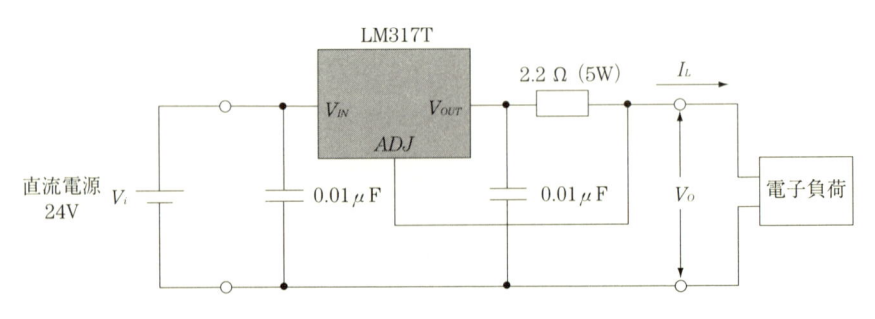

図8-2 LM317を使用した定電流回路

8-1 3端子レギュレータを使用した定電流回路

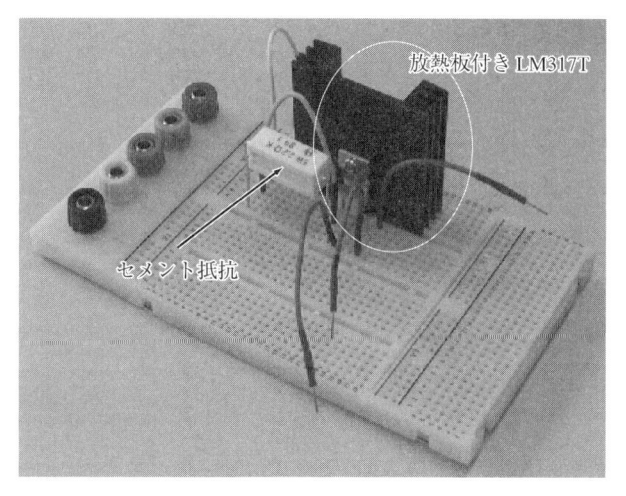

写真8-1 LM317Tを使用して定電流回路を組み立てる

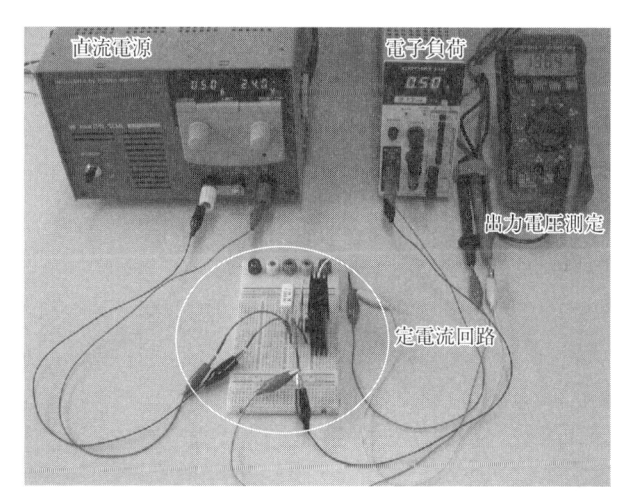

写真8-2 定電流回路の負荷特性を測定する

153

PLZ72W）を接続します。LM317の端子V_{OUT}とADJにはセメント抵抗2.2Ω（5W）を接続します。また，LM317の入出力側には，発振防止用に0.01μFのコンデンサを接続します。

電子負荷に流れ込む電流I_Lを大きくしていったときの出力電圧V_Oを測定します。

測定結果を**表8-1**および**図8-3**に示します。負荷電流I_Lを大きくしていくと出力電圧V_Oは漸次減少し，負過電流が0.56Aを超えると出力電圧は大きく変化し，数ボルトにまで低下します。

この電流値は，上記の式（8-2）で求めた定電流値0.57Aとほぼ一致します。このことから，製作した定電流回路は0.56Aの範囲内で負荷電流を定電流化していることになります。

表8-1　定電流回路の電圧-電流特性

I_L (A)	V_O (V)
0.00	22.91
0.04	22.29
0.08	22.04
0.12	21.84
0.16	21.62
0.20	21.43
0.24	21.24
0.28	21.02
0.30	20.93
0.35	20.66
0.40	20.33
0.45	20.08
0.50	19.91
0.52	19.83
0.54	19.75
0.55	19.70
0.56	2.11

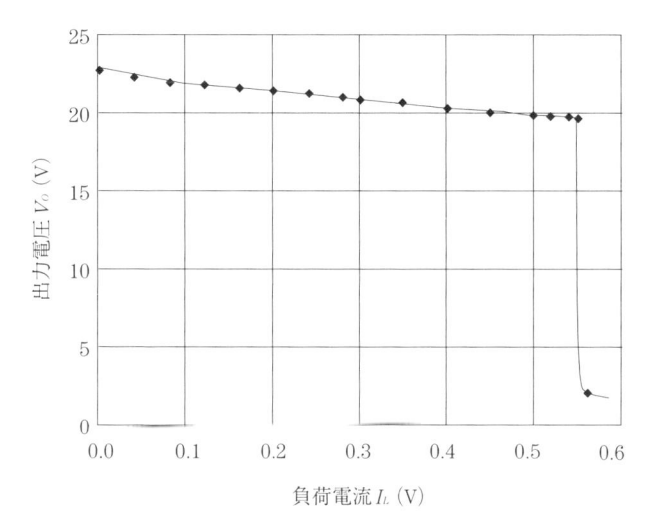

図8-3　定電流回路の電圧-電流特性

8-2　定電流回路による鉛バッテリの充電

　充電実験に使用するバッテリは産業用途の密閉型鉛バッテリ（ジーエス・ユアサ　パワーサプライ社製PX12026，**写真8-3**および**表8-2**）です。公称電圧は12V，定格容量は2.6Ahのバッテリです。

　最初に，バッテリの放電特性を測定します。鉛バッテリの＋端子，－端子に電子負荷装置を接続し，一定電流（1A）を流したときのバッテリの端子電圧の経時変化を測定します（**写真8-4**）。

写真8-3　市販の密閉型鉛バッテリ（PX12026）

第8章 バッテリ充電回路

表8-2 鉛バッテリPX12026の仕様

形　式	PX12026
名　称	小型制御弁式鉛蓄電池
特　徴	(1) 横置き可能 (2) 補水不要 (3) セキュリティ機器など産業用途
定格容量（Ah） （20時間率）	2.6
公称電圧（V）	12
外形寸法（mm）	178W × 34W × 60H
質量（kg）	1
寿命（年）	3

写真8-4 鉛バッテリの放電特性を測定する

8-2 定電流回路による鉛バッテリの充電

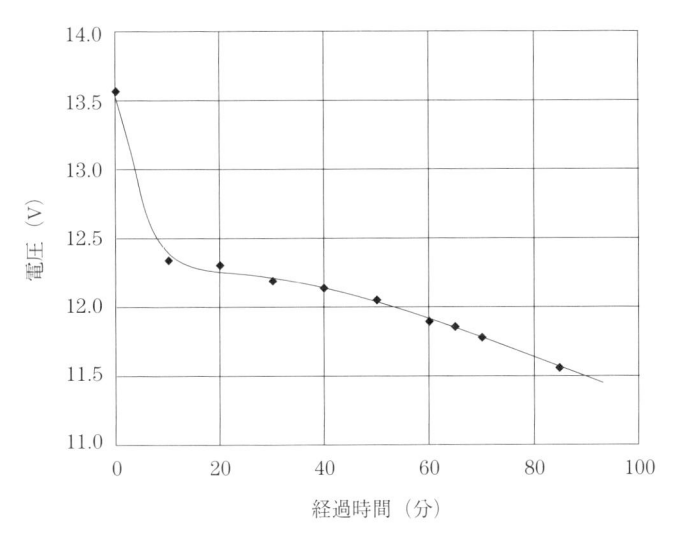

図8-4 鉛バッテリPX12026の放電特性

測定結果を**図8-4**に示します。時間の経過とともにバッテリの端子電圧は低下していきます。負過電流が1Aの場合は，満充電時の端子電圧（13.56V）は約1時間で11.90Vに低下します。

次に，上記の定電流回路を用いて放電させたバッテリを再充電します。充電回路の全体構成を**図0 5**および**写真8-5**に示します。定電流回路の入力側に直流電源を接続し，入力電圧を24Vに設定します。定電流回路の出力側（＋側）は，バッテリからの逆流防止のための整流ダイオード（50V-1A）を介し

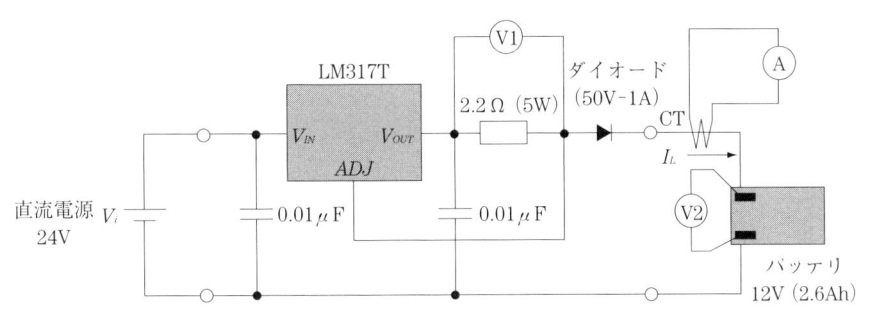

図8-5 定電流回路による鉛バッテリの充電実験回路

157

第8章 バッテリ充電回路

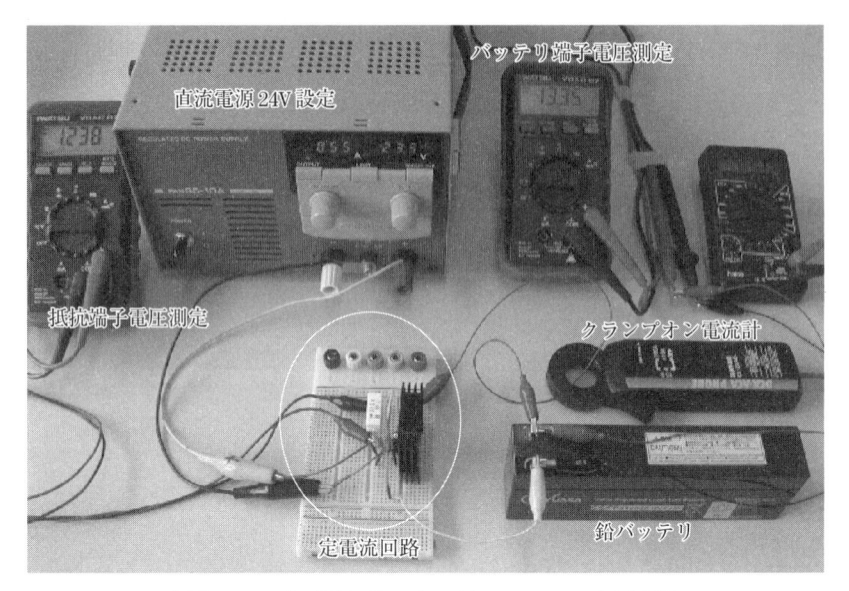

写真8-5 定電流回路による鉛バッテリの充電実験

て，バッテリの＋端子に接続します。

バッテリに流れ込む充電電流は，クランプオンDC-AC電流プローブ（三和電気計器製CL-22AD）で測定します。また，3端子レギュレータLM317Tに接続したセメント抵抗2.2Ωの端子電圧から充電電流を常時モニターします（**写真8-6**）。

測定結果を**表8-3**および**図8-6**に示します。

バッテリの端子電圧は時間の経過とともに大きくなります。測定開始時の電圧（11.67V）は100分経過すると13.14Vに上昇します。また，表8-3の電流値の測定結果から，バッテリの端子電圧にかかわらず充電電流は0.56A一定であることがわかります。抵抗2.2Ωの端子電圧（1.236V）から求めた充電電流は

$$R1 = \frac{1.236V}{2.2\Omega} = 0.56A となります。$$

これらの測定結果から，定電流回路による鉛バッテリの充電は，定電流充電であることが確認できます。

8-2 定電流回路による鉛バッテリの充電

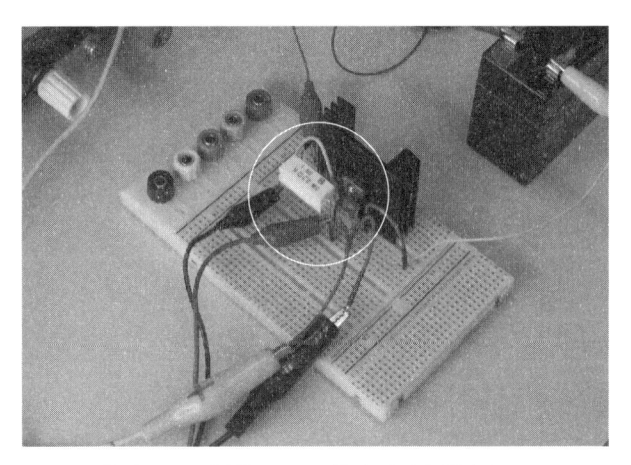

写真8-6 抵抗2.2Ωの端子電圧を測定する

表8-3 鉛バッテリPX12026の充電特性

時間（分）	電圧（V）	充電電流（A）
0	11.67	0.56
5	12.26	0.56
10	12.39	0.56
15	12.45	0.56
20	12.49	0.56
25	12.54	0.56
30	12.58	0.56
40	12.66	0.56
50	12.75	0.56
60	12.82	0.56
70	12.90	0.56
80	12.97	0.56
90	13.07	0.56
100	13.14	0.56

＊充電電流はクランプオン電流プローブで測定

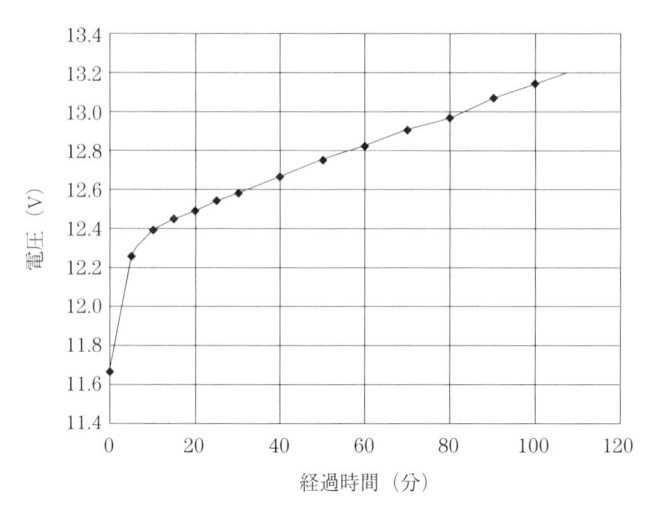

図8-6　鉛バッテリPX12026の充電特性

8-3　満充電表示回路

　上記の定電流充電回路に，充電が完了したことをLED表示する満充電表示回路を追加します．満充電表示回路を図8-7に示します．定電圧回路部とコンパレータ回路部から構成されています．定電圧回路部は，充電器の入力電源電圧（24V）をコンパレータ用ICの電源電圧（5V）に変換し，定電圧化します．コンパレータ回路部はバッテリの充電電圧と設定した基準電圧を比較して，充電電圧が基準電圧より大きくなったときにLEDを点灯するようにします．

　定電圧回路部は3端子レギュレータLM317Tを使用します．

　定電圧回路部の出力電圧は第4章の式（4-1）から求めることができます．式（4-1）で$R_1 = 220\Omega$，$R = 680\Omega$とすると

$$V_{out} = 1.25 \times \left(1 + \frac{680}{220}\right) + 680 \times 50 \times 10^{-6} = 5.14\text{V}$$

となります．

　定電圧回路部をブレッドボード上で配線し，出力電圧を測定します．出力電

8-3 満充電表示回路

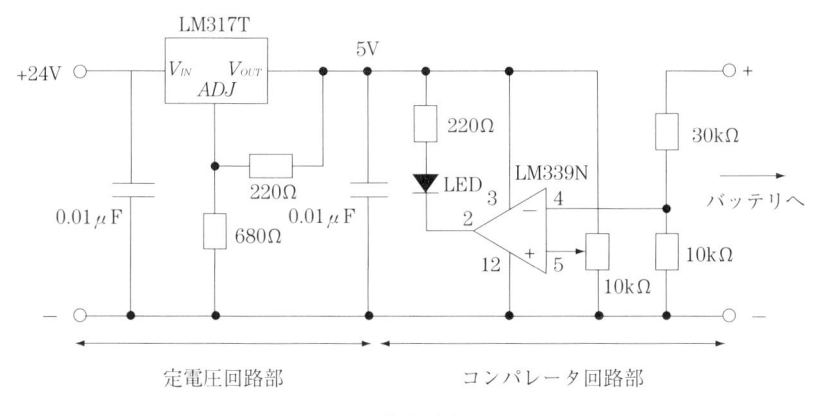

図8-7 満充電表示回路

(a) 反転比較

(b) 非反転比較

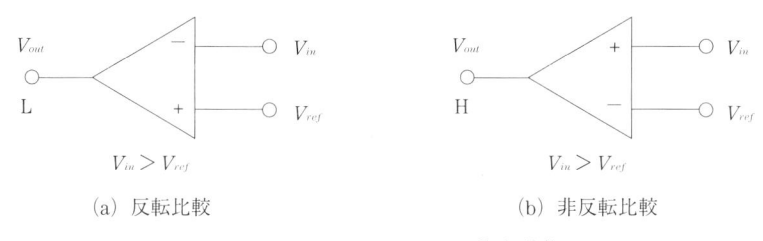

図8-8 コンパレータICの基本動作

圧は5.11Vが得られました。

コンパレータ (Comparater) とは比較器のことで，オペアンプを用いて構成することができます。オペアンプを用いたコンパレータの基本動作を図8-8に示します。(a) 反転比較の場合は，入力信号（アナログ電圧）V_{in}が基準電圧V_{ref}より大きければ出力V_{out}は"L"レベルになります。一方，(b) 非反転比較の場合は，入力信号V_{in}が基準電圧V_{ref}より大きければ出力V_{out}は"H"レベルになります。

反転比較の場合のLED点灯回路を図8-9に示します。入力信号V_{in}が基準電圧V_{ref}より大きくなれば出力V_{out}は"L"レベルになるので，"H"レベル（電源V_C）から"L"レベルへ電流が流れ込み，LEDが点灯します。

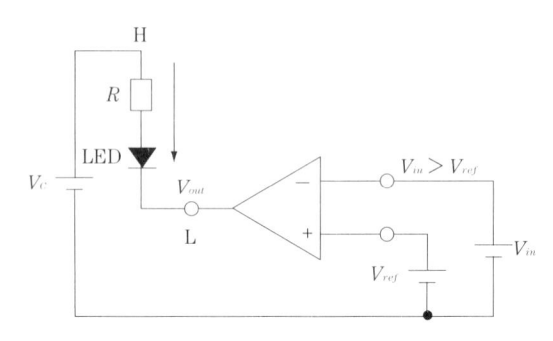

図8-9　反転比較の場合のLED点灯回路

　満充電表示回路のコンパレータ回路部は，図8-9の反転比較の基本回路をそのまま使用しています。オペアンプは単電源（2V～36V）のLM339Nを使用します。LM339Nの外観はデュアルインラインパッケージ（DIP）で，オペアンプが4個内蔵されたクワッド型ICです（図8-10）。満充電表示回路ではオペアンプ1を使います。
　満充電表示回路を定電流充電回路に接続した全体の回路構成を図8-11に示します。
　基準電圧V_{ref}はオペアンプの電源電圧5Vに接続された可変抵抗（10kΩ）を用いて設定します。入力電圧V_{in}は，バッテリの端子電圧を30kΩと10kΩで抵抗分割した電圧とします。バッテリの端子電圧V_{in}が基準電圧V_{ref}より大きくなるとLEDが点灯します。すなわち，バッテリの充電が進み，満充電になったときにコンパレータのLEDを点灯するようにします。
　実際に，ブレッドボード上に配線した満充電表示回路を写真8-7に示します。また，満充電表示回路の動作実験をします。図8-11の回路構成に従って満充電表示回路を充電回路に接続し，バッテリの充電を開始します。
　充電を開始し，満充電になるとLEDが点灯します（写真8-8）。実験では，

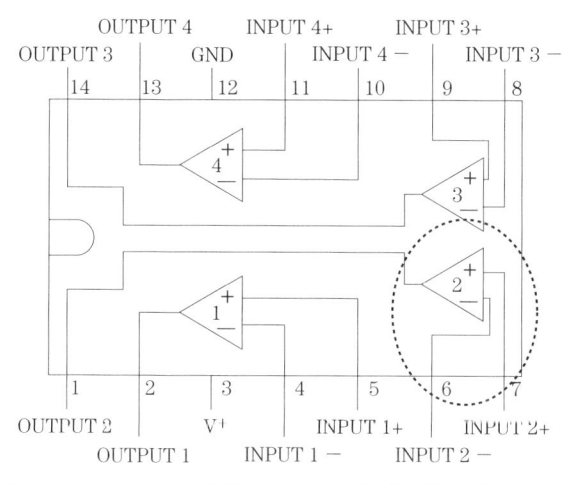

図8-10 LN339Nの内蔵オペアンプとピン配置 (Top View)

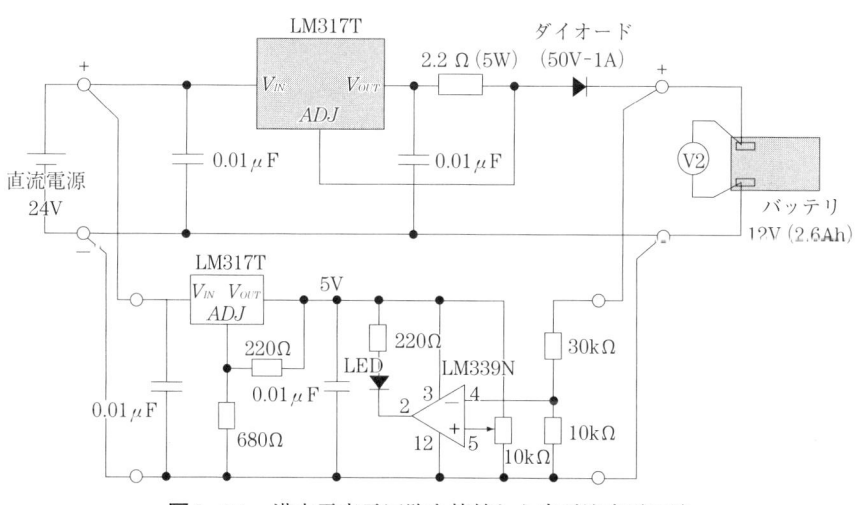

図8-11 満充電表示回路を接続した定電流充電回路

バッテリ電圧が12.82Vに到達したときにLEDが点灯するように可変抵抗で設定しました。

第8章 バッテリ充電回路

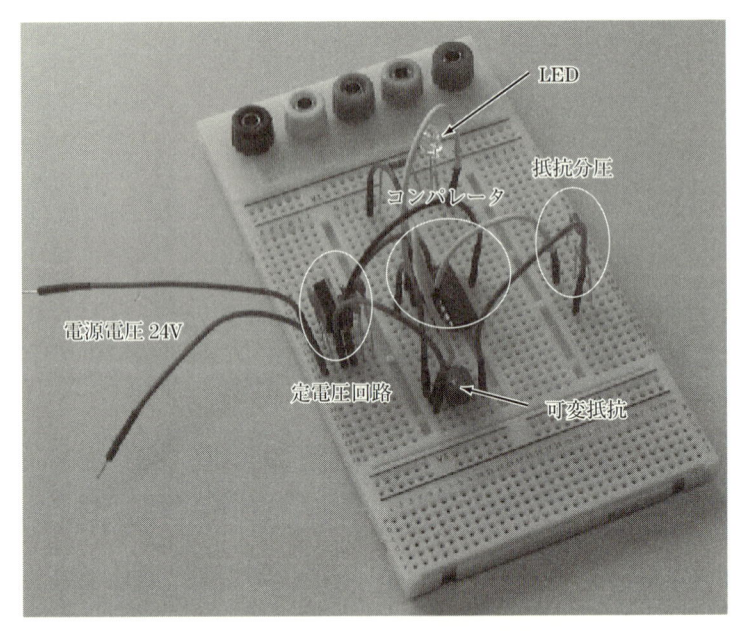

写真8-7 ブレッドボード上で配線した満充電表示回路

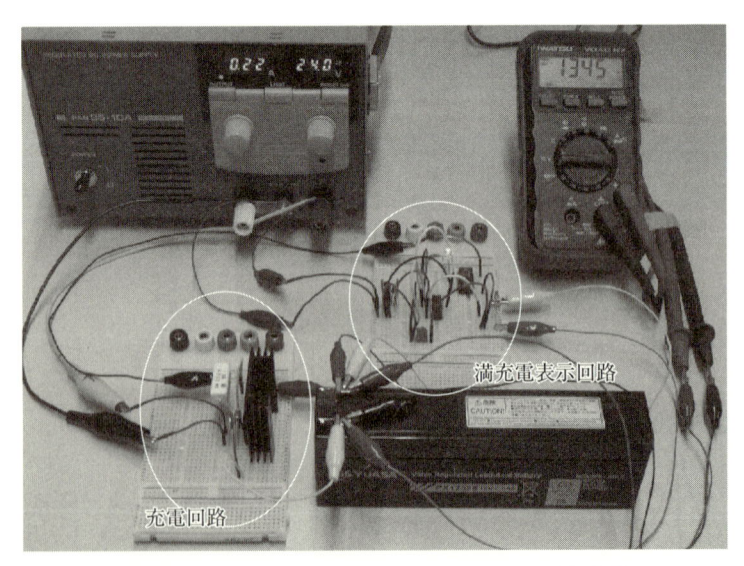

写真8-8 満充電表示機能付き充電回路の動作実験

8-4 満充電停止回路

バッテリが満充電になったときにLED表示と同時に充電を停止する回路を追加します。TTLレベルで駆動できるディップ型マイクロ・リードリレー（オムロン製形LAD2，**写真8-9**，**表8-4**および**図8-12**）を使用します。リードリレーは，一対のバネ機構の磁気リード片がガラス管に組み込まれ，ガラス管の周囲にコイルが巻かれた構造です。コイルに電流が流れるとコイルに磁束が発生し，リード片を駆動し接点を閉じます。電流がなくなるとリード片はバネの復帰動作で元の状態に戻り接点が開きます。リードリレーはこのような動作で接点の開閉（ON／OFF）を行うリレーです。

写真8-9 リードリレー（オムロン製形LAD2）の外観

表8-4 リードリレー（オムロン製形LAD2）の基本仕様

型　式	形LAD2
極数	2
定格電圧	DC5V
定格電流	33.3mA
コイル抵抗	150Ω
定格負荷	DC24V-0.2A
内部構造	磁気シールドあり
接点構成	a接点

第8章 バッテリ充電回路

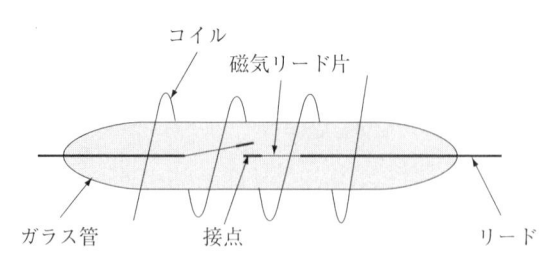

図8-12 リードリレーの構造

　全体の回路構成を**図8-13**に示します。満充電表示回路にリードリレーを追加，接続します（**写真8-10**）。リードリレーのコイルを満充電表示用LEDと直列に接続します。リレーの接点は，3端子レギュレータの*ADJ*端子とマイナス側の共通ライン（電源およびバッテリのマイナス側）に接続し，リレーが動作したときに*ADJ*端子をマイナスラインにショートすることにより3端子レギュレータの出力電圧を1.2V程度に下げてバッテリに電流を流さないようにします（第4章参照，LM317Tのシャットダウン機能）。

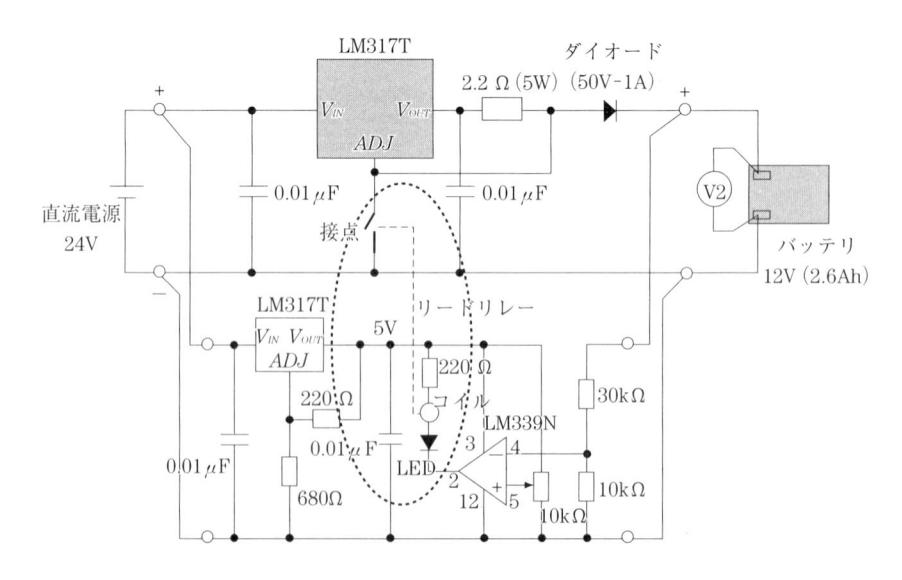

図8-13　満充電表示および充電停止機能付き充電回路

166

8-4 満充電停止回路

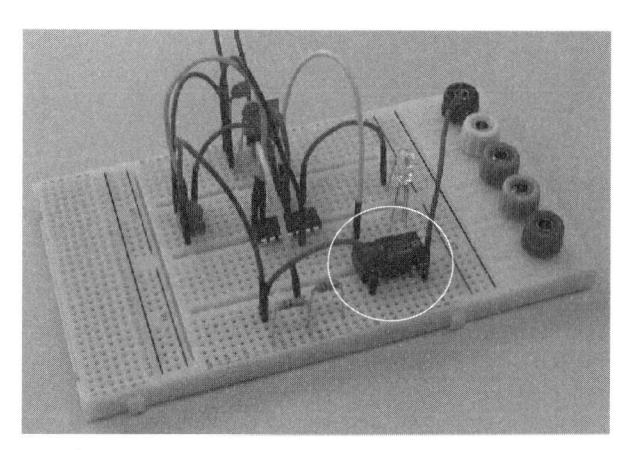

写真8-10 満充電表示回路にリードリレーを接続する

満充電表示回路および充電停止回路を追加した定電流充電回路を鉛バッテリに接続して動作確認をします。可変抵抗を回して満充電表示回路と充電停止回路の動作電圧を設定します（**写真8-11**）。バッテリの充電が開始し、満充電の状態になると満充電のLEDが点灯し、同時に充電が停止します（**写真8-12**）。

バッテリが放電し、端子電圧が低下すると再び充電を開始します。この動作を繰り返し、ほぼ一定の電圧範囲内で満充電表示と充電停止機能が働きます。

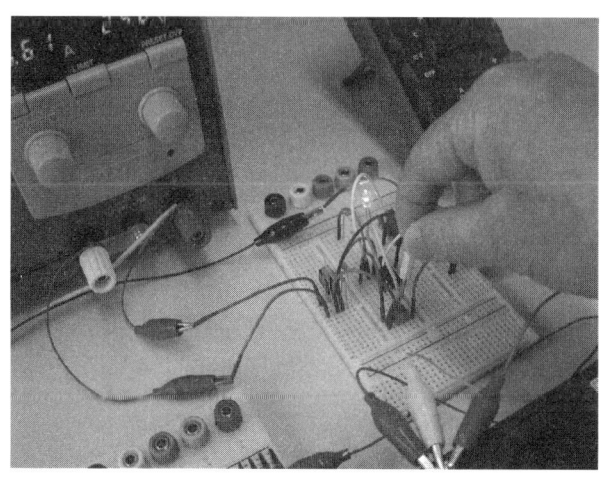

写真8-11 充電停止回路の動作電圧を設定する

167

第8章　バッテリ充電回路

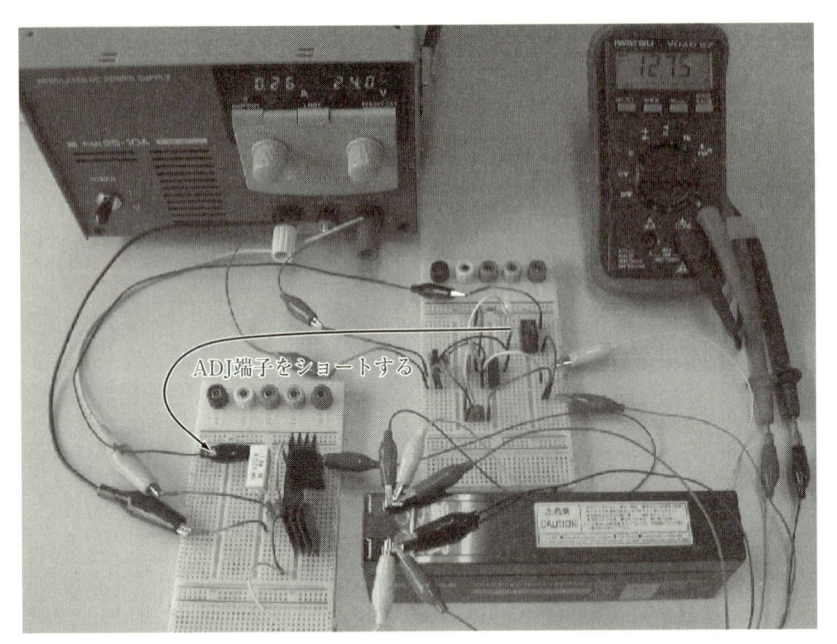

写真8-12　充電停止回路の動作を確認する

　本章では，可変型直流安定化電源（max：35V-10A）を使用して，机上でバッテリ充電回路を構成して充電および満充電表示，充電停止の各実験をしましたが，市販のシリーズ方式およびスイッチング方式のAC-DC直流電源またはDC-DCコンバータを使用してバッテリ充電器を製作することができます。

　スイッチング電源（AC100V-DC24V，2A）を使用した12V，2.6Ah鉛バッテリ充電器を**図8-14**に，DC-DCコンバータ（**写真8-13**，入力36V～75V，出力12V-1.3A）を2個使用したバッテリ充電器を**図8-15**に示します。

　スイッチング電源を使用した実際の製作例を**写真8-14**に示します。

8-4 満充電停止回路

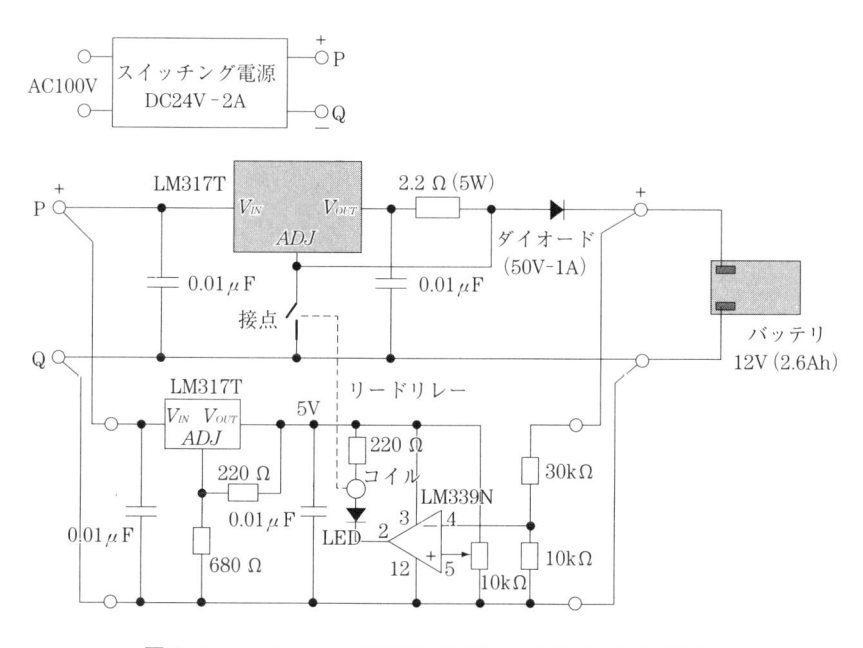

図8-14 スイッチング電源を使用した12Vバッテリ充電器

写真8-13 市販のオンボードタイプのDC-DCコンバータ

第8章 バッテリ充電回路

(入力 36-75V,出力 12V-1.3A)

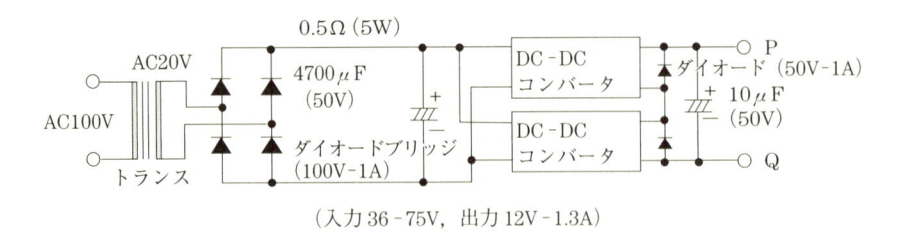

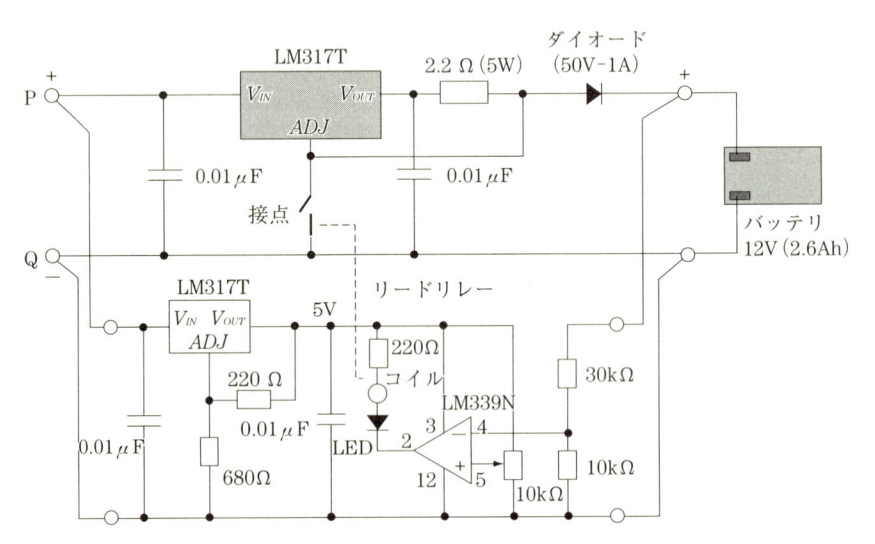

図8-15 DC-DCコンバータを使用した12Vバッテリ充電器

写真8-14 スイッチング電源を使用したバッテリ充電器

付録　高電圧発生回路

　高電圧発振トランスを使用した自励発振方式の高電圧発生回路を製作します。トランジスタ1個を使用したシングル方式の自励発振回路です。

　入力電圧DC3Vから負の高電圧－1kVを発生する高電圧発生回路を**図F-1**に示します。発振トランスの出力は高圧高速ダイオード（富士電機製ESJA57-03A，6kV-5mA）と高圧セラミックコンデンサ（村田製作所製DEBB33D101K，100pF（3kV））による半波整流回路を接続します。ダイオードの接続方向は図のように接続します。ダイオードとコンデンサの接続点から負の高電圧（－HV）を得るようにします。

　自励発振回路の発振周波数は，発振トランスの1次側コイルX，Yのインダクタンス，トランジスタのベース抵抗，トランジスタの電流増幅率によって決まってしまいます。また，発振周波数は発振トランスの2次側に接続する回路の特性によっても変化します。

　発振トランスは，筆者が特注したものを使用します（**写真F-1**）。発振トランスの仕様を**表F-1**に，外形図を**図F-2**に，外形表示の構成部品を**表F-2**に示します。

　実際に，図F-1の回路を組み立て，自励発振したときのトランジスタのエミッタ・ベース間の電圧波形と出力電圧の整流波形をオシロスコープで観測します。観測した波形を**図F-3**に示します。発振波形はほぼ正弦波に近い波形形状であることが確認できます。このときの発振周波数を波形から求めると約150kHzであることがわかります。出力電圧は－1kVの負の高電圧が得られています。

付録　高電圧発生回路

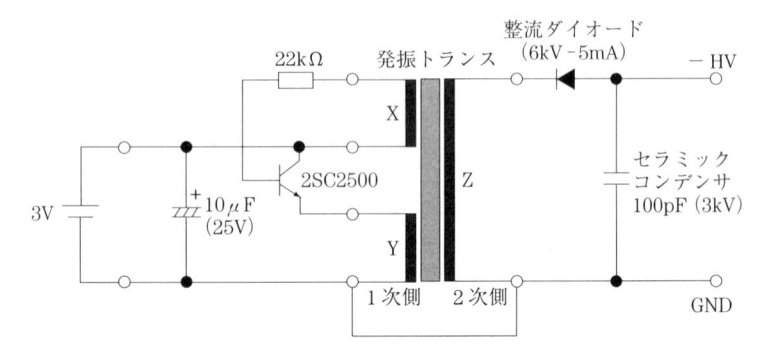

図F-1　トランジスタを1個使用した自励発振方式の高電圧発生回路

写真F-1　発振トランス

表F-1　発振トランスの巻線仕様

コイル	線径	巻数	インダクタンス
X	0.18 φ	4	$2.1 \sim 2.7\,\mu H$
Y	0.18 φ	16	$36 \sim 43\,\mu H$
Z	0.16 φ	1350	$210 \sim 247\,\mu H$

付録　高電圧発生回路

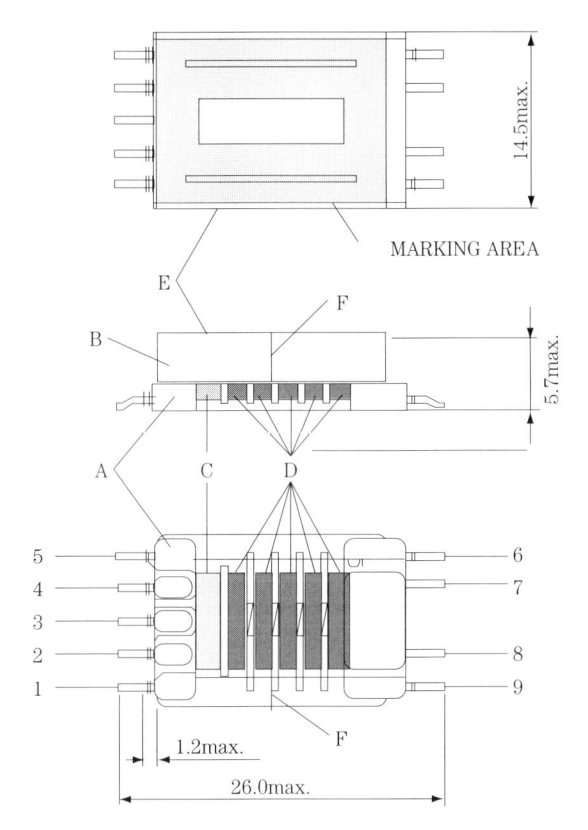

図F-2　発振トランスの外形図（単位：mm）

表F-2　発振トランスの構成部品

No.	部品名	型　名	メーカー
A	ボビン	BEE13.6F	HED社
B	フェライトコア	EES-13.6 AL=117	日本セラミック
C	線材	0.18 ϕ	富士電線
D	線材	0.06 ϕ	富士電線
E	絶縁テープ	Model3161-F 25μm厚	日東電工
F	接着剤	TB1375B	スリーボンド
仕上げ	ワックス	Microwax180	日石

173

付録　高電圧発生回路

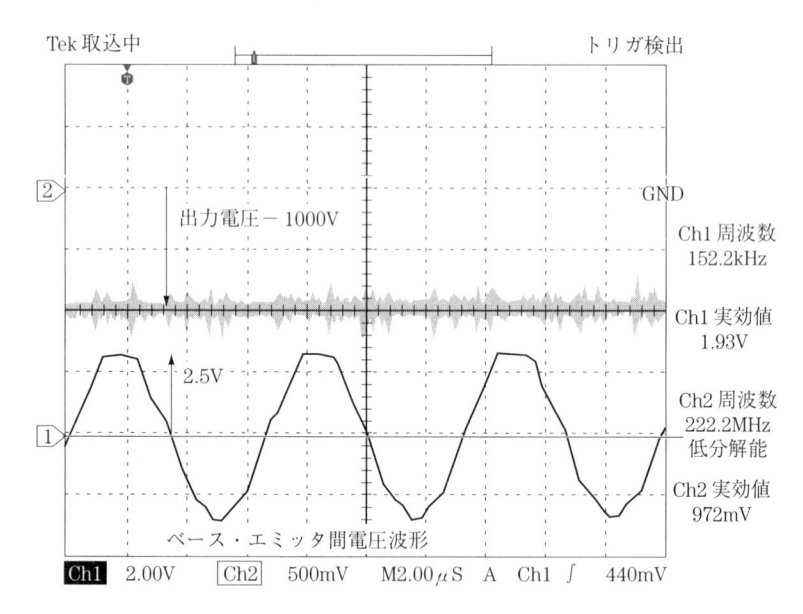

図F-3　自励発振しているときの各電圧波形

　次に，上記の自励方式高電圧発生回路に4倍圧の整流回路を接続して，オゾン発生器を製作します。

　オゾン発生器の回路構成を**図F-4**に示します。構成部品を**表F-3**に示します。発振トランスの2次側に接続した整流回路は，多段の倍電圧整流回路（半波2倍圧，半波3倍圧，半波4倍圧）の1つで，半波4倍圧の整流回路です。整流後の電圧波形の出力リップルはトランス1次側の電源周波数と同じになります。何段でも積み重ねていくことができますが，取り出せる電流は少なくなります。

　使用した発振トランスの2次側の出力電圧は－1kVなので，4倍圧整流回路を接続することにより整流回路の出力電圧は－4kVになります。

　最初に，専用の部品実装用のプリント基板を製作しました（**写真F-2**）。プリント基板には，プレート電極（アルミ製，1cm×1cm）があらかじめ設けら

れています。次に、プリント基板の指定の個所に発振トランスを装着します（**写真F-3**）。

この後、トランジスタなど必要な電子部品を実装し、プレート電極に対抗するようにニードル電極（針電極、真ちゅう製）を装着して、オゾン発生器として完成します（**写真F-4**および**写真F-5**）。ニードル電極とプレート電極の間隔は1mm程度に調整します。ニードル電極には負の高電圧（約-4kV）が印加し、グラウンドであるプレート電極との間でコロナ放電が発生します。その結果、電極間には多くのオゾンが発生します。

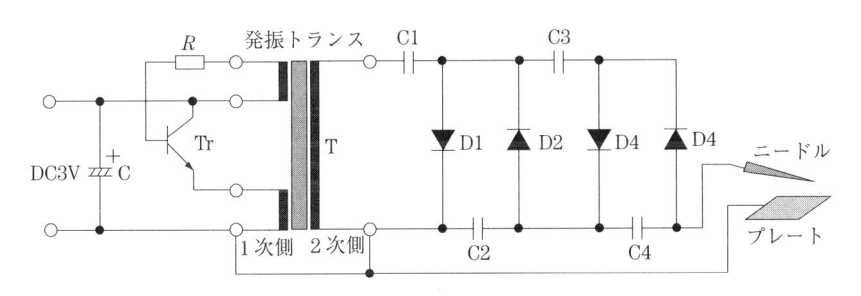

図F-4 オゾン発生器の回路構成

表F-3 オゾン発生器の構成部品

記　号	名　称	仕　様
T	発振トランス	特注
R	抵抗	3.3kΩ
Tr	トランジスタ	2SC2500
C	電解コンデンサ	10μF (25V)
C1～C4	高圧セラミックコンデンサ	100pF (3kV)
D1～D4	高圧整流ダイオード	6kV-5mA
B	ニードル	真ちゅう製
P	プレート	アルミニウム製

付録　高電圧発生回路

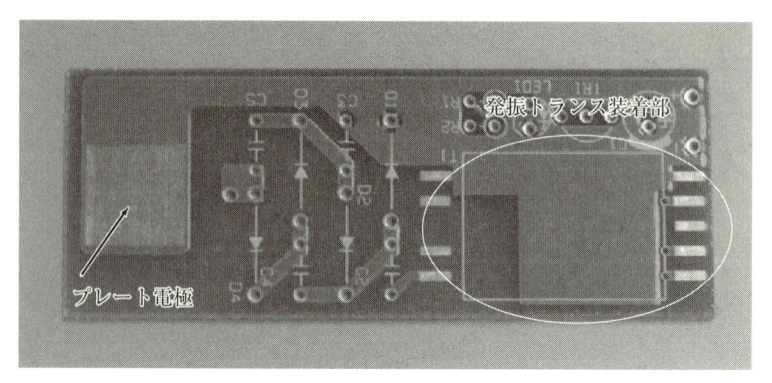

写真F-2　オゾン発生器用プリント基板

写真F-3　プリント基板に発振トランスを装着する

写真F-4　完成したオゾン発生器

写真F-5 ニードルをプレート電極に対抗させる

次に透明密閉容器（約50ℓ）を用意し，この中に製作したオゾン発生器とオゾン濃度測定器を設置して，オゾン濃度発生の経時変化を測定します（**写真F-6**）。測定結果を**図F-5**に示します。時間の経過とともにオゾン濃度が増加していくことがわかります。

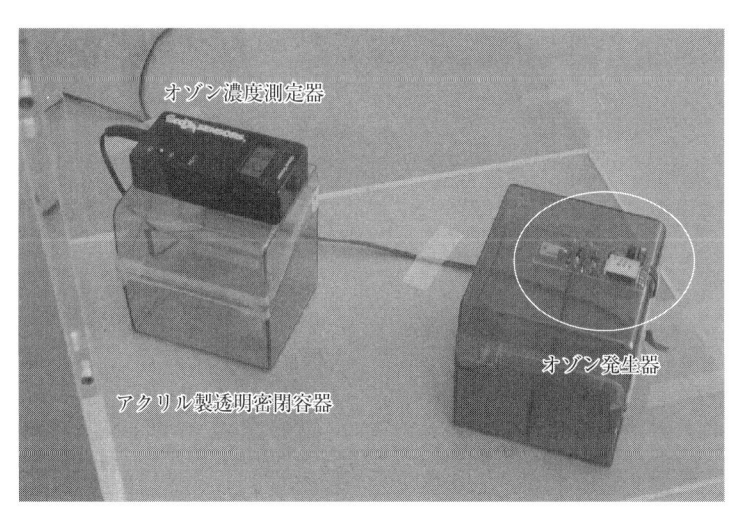

写真F-6 オゾン発生器から発生するオゾン濃度を測定する

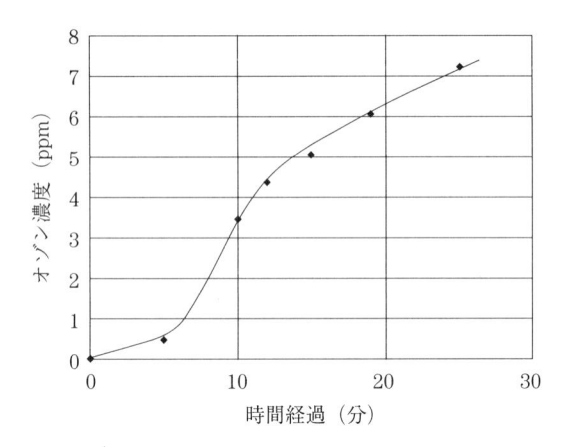

図F-5　オゾン発生器のオゾン濃度測定

索 引（五十音順）

〔あ 行〕

安全動作領域制限機能 …………………56
安定化電源用IC ………………………31
安定発振 ……………………………109
インバータ …………………………111
エコバイク用充電器 ……………………3
オシロスコープ ………………92, 135
オゾン ………………………………175
オゾン濃度測定器 ……………………177
オゾン発生器 …………………175, 177

〔か 行〕

肩特性 ………………………………104
過電流 ………………………………46
過電流保護回路 ………………61, 82
過熱保護回路内蔵 ……………………46
可変抵抗 ………………42, 50, 139, 146
逆電圧降伏 …………………………16
逆方向電圧 …………………………17
逆方向特性 …………………………16
逆流防止 ……………………………157
許容損失 ……………………86, 87
矩形波 …………………………91, 125
駆動電流 ……………………86, 89, 149
組み合わせ回路 ……………………53
グランド側 …………………………61
繰り返し周期 ………………117, 119
クワッド型IC ………………………162
ゲート ………………………………109
化粧パネル …………………………78
高圧高速ダイオード …………………171
高圧セラミックコンデンサ ……………171

〔さ 行〕

高周波トランス ………………………13
高電圧発振トランス …………………171
高電圧発生回路 ………………………171
降伏電圧 ……………………………16
コロナ放電 …………………………175
コンパレータ …………………………160

サージ・アブゾーバ …………………63
サージ吸収素子 ………………………63
最大定格 ……………………………19
最大電力損失 …………………17, 20, 26
雑音端子電圧低減用コンデンサ ……39
雑音端子電圧低減用抵抗 ……………41
静電容量 ……………………………9
実験電源組み立てキット ………………55
自励発振方式 …………………………171
シャーシ ……………………………78
シャットダウン機能 ……………61, 166
ジャンクション-ケース間熱抵抗 ……61
シャント抵抗 …………………61, 95
周期 ………………………121, 125, 143
充電 …………………………………115
充電回路 ……………………………157
充電停止回路 …………………………167
周波数 ……………………119, 125, 143
出力コンデンサ ………………………46
出力制御端子 …………………………50
出力電圧設定用抵抗 …………………46
出力平滑用コンデンサ ………………41
順電圧 ………………………………86
順電流 ………………………………86

179

順方向電圧 ……………………86, 88
順方向電流 ……………………86, 88
順方向特性 …………………………15
消費電力 ………………60, 86, 98
商用電源 ……………………………96
初期条件 …………………………118
シリーズ・レギュレータ方式 ………12
シリーズ方式 ……………………168
シングル方式 ……………………171
真理値表 …………………………109
推奨回路 …………………39, 46
スイッチング ………………………13
スイッチング・レギュレータ方式 …13
スイッチング電源 ………………169
スイッチング方式 …………13, 168
スイッチング用トランジスタ ……139
スイッチング用トランス ……135, 138
図記号 ………15, 109, 110, 111, 112
スライダック
　………18, 24, 29, 35, 42, 96, 100
正弦波形 …………………………136
整流回路 ……………………9, 174
整流ダイオード …………………157
整流波形 …………………148, 171
整流用ダイオード …………………41
積分方程式 ………………………118
絶縁型 ………………………………39
セメント抵抗 ……………………154
全波整流回路 ………………………14
全波整流波形 ………………………10

〔た　行〕

ダーリントン型 …………………123
ダイオードブリッジ …………21, 139
端子電圧 …………………………157

中間タップ ………………………123
調整端子 ……………………61, 63
直流安定化電圧回路 ………………25
直流安定化電源 ……………………55
直流安定化電源回路 ………………18
ツェナーダイオード …………10, 15
ツェナー電圧 ……10, 17, 20, 24, 28
ツェナー電流 ……10, 11, 17, 21, 24
抵抗の熱損失 ………………21, 27
定電圧ダイオード ……………10, 15
定電圧電源回路 ……………………10
定電流回路 ………………………151
定電流駆動回路 …………………100
定電流駆動回路基板 ……………100
定電流充電 ………………………158
定電流充電回路 …………………167
定電流ダイオード ………………103
ディレーティング ……………86, 98
デジタルIC ………………………109
デュアルインラインパッケージ
　………………………………113, 162
デューティ …………………………92
電圧(V)-電流(I)特性 …………15
電圧-電流 …………………………152
電解コンデンサ
　………………9, 18, 21, 27, 96, 139
電球ソケット ……………………100
電源トランス ………………………9,
　18, 24, 27, 32, 60, 76, 123, 135
電源モジュール ……………………2
電子増倍現象 ………………………16
電子負荷装置 …20, 35, 82, 152, 155
電流駆動回路基板 ………………100
電流制限 ……………………………56
電流制限用抵抗 ……85, 87, 96, 148

180

電流増幅率 …………………139
電力損失 …………………10, 12
動作インピーダンス …………104
特性 …………………………152
トランジスタ ………………13,
　　63, 64, 72, 91, 95, 123, 171
トランジスタのV_{BE}-I_C特性 …………63
トランス …………………60, 130
トランスの周波数特性 ………135
ドロッハ方式 …………………44

〔な　行〕

鉛バッテリ ……………155, 167
ニードル ……………………175
ニッケル水素電池 ………………6
入力コンデンサ ………………46
入力スレッシュホールド電圧 …………
　　………………115, 116, 118
入力平滑用コンデンサ …………39
熱暴走保護 ……………………56

〔は　行〕

倍電圧整流回路 ………………174
白熱電球 ……………………130
発振器 ……………91, 92, 135
発振周波数 ……………138, 171
発振トランス ………………171
発振波形 ……………………171
バッテリ ……………………155
バッテリ充放電特性 ……………6
バリスタ ……………………39
パルス ………………………119
パルス順方向電流 …………89, 92
パルス信号 …………………91
パルス信号波形 ………………92

パルス点灯 …………………88
パルス幅 ……………………92
パワーLED駆動ボード …………100
パワートランジスタ …………123
半周期 ………………………118
反転時間 ……………………119
半波4倍圧 ……………………174
半波整流回路 ………………171
ピーク電圧 …………………125
ヒートシンク …………………61
非絶縁型 ……………………39
否定 …………………………112
標準値 ………………………151
ピンチオフ電流 ………………104
フィン ………………………12
フェライト ………………13, 135
負荷電流
　　……21, 24, 27, 28, 35, 146, 154
負の高電圧 …………………171
ブリッジ回路 …………………18
ブリッジダイオード …………9, 96
プリント基板 ……35, 64, 68, 174
プレート電極 ………………175
ブレッドボード ……………21,
　　42, 46, 87, 96, 104, 119, 138
フロントパネル ………………72
ベース-エミッタ間電圧 ………63
変換効率 ……………………130
放電 …………………………116
放電特性 ……………………155
放熱器 …………………12, 35
放熱シート …………………72
放熱板 ………………………152
放熱フィン …………………125

181

〔ま 行〕

マイクロ・リードリレー ………… 165
マイナス側 ……………………………61
満充電 …………………………157, 162
満充電停止回路 ………………………165
満充電表示回路 ………………160, 167
密閉型鉛バッテリ ……………………155
無安定 …………………………109, 143
無安定マルチバイブレータ ……………
　　…………109, 113, 119, 125, 138

〔ら 行〕

リアパネル ……………………………70
リードリレー …………………………165
リップル …………………………146, 174
レギュレータIC ………………………44
ロータリスイッチ ………55, 59, 68
ロータリセレクト方式 ………………55
論理式 …………………………………110
論理積 …………………………………110
論理和 …………………………………111

〔英・数字〕

2電源安定化電源回路 …………11, 31,
　　32, 35, 55, 146, 151, 160, 166
4倍圧 …………………………………174
4倍圧整流回路 ………………………174
74LS00 ……………………………113, 138
74LS04 …………………………………113
7800シリーズ ………………………12, 32
7805 ……………………………………146
7812 ……………………………………31
7900シリーズ ……………………12, 32
7912 ……………………………………31
AC-DCコンバータ ……………………39
AC100V …………………………………96
AC100V LED駆動回路 ………………96
ANDゲート ……………………………109
CRD ……………………………………104
DC-DCコンバータ ……135, 138, 168
DIP型 ……………………………113, 162
E25口金 ………………………………100
"H"レベル ……………………………161
"L"レベル ……………………………161
LED ……………………………44, 50,
　　85, 88, 96, 100, 148, 161, 162
LED駆動回路 …………………85, 87
LEDドライブ回路 ………………44, 85
LEDパルス点灯回路 …………………88
LEDパルス点灯駆動回路 ……………90
LED面発光パネル ……………………88
LM317T …55, 56, 64, 151, 161, 166
LM339N ………………………………162
NANDゲート ……………………112, 113
NOTゲート ……………………111, 113
ORゲート ……………………………110
TO-220 …………………………31, 46
TTL ……………………………………109
TTLレベル ……………………………165

著者略歴

臼田　昭司（うすだ　しょうじ）

1975年　北海道大学大学院工学研究科修了
1975年　工学博士
1975年　東京芝浦電気(株)（現・東芝）などで研究開発に従事
1994年　大阪府立工業高等専門学校総合工学システム学科・専攻科　教授
　　　　華東理工大学（上海）客員教授
　　　　山東大学制御科学工学部(中国山東省）客員教授
　　　　石家庄経済大学光電技術研究所（中国河北省）客員教授
　　　　光触媒工業会特別会員
　　　　現在にいたる
　　　　専門：電気・電子工学，計測工学，実験・教育教材の開発と活用法
　　　　研究：LED応用とLED光触媒，空気・水浄化システム，企業との共同研究

主な著者：
・「読むだけで力がつく電気・電子再入門」，日刊工業新聞社，2004年
・「読むだけで力がつく電気数学再入門」，日刊工業新聞社，2004年
・「読むだけで力がつく自動制御再入門」，日刊工業新聞社，2004年
・「読むだけで力がつくPID制御再入門」，日刊工業新聞社，2006年
・「よくわかるLED活用入門」，日刊工業新聞社，2007年
・「電気計測基礎のきそ」，日刊工業新聞社，2008年
・「よくわかるセンサ活用入門」，日刊工業新聞社，2008年
・「リレー回路基礎のきそ」，日刊工業新聞社，2008年
ほか多数

よくわかる電源回路活用入門　　NDC541.1

2009年4月25日　初版1刷発行

　　　　　　　　　　　　　©著　者　臼　田　昭　司
　　　　　　　　　　　　　　発行者　　井　野　俊　猛
　　　　　　　　　　　　　　発行所　　日　刊　工　業　新　聞　社

　　　　　　　　　　〒103-8548　東京都中央区日本橋小網町14-1
　　　　　　　　　　電話　書籍編集部　　03（5644）7490
　　　　　　　　　　　　　販売・管理部　03（5644）7410
　　　　　　　　　　　　　FAX　　　　　03（5644）7400
　　　　　　　　　　振替口座　00190-2-186076
　　　　　　　　　　URL　http://www.nikkan.co.jp/pub
　　　　　　　　　　e-mail　info@media.nikkan.co.jp

（定価はカバーに表示されております。）　製　作　日刊工業出版プロダクション
　　　　　　　　　　　　　　　　　印刷・製本　ワイズファクトリー

落丁・乱丁本はお取替えいたします。　　　　2009　Printed in Japan
ISBN 978-4-526-06250-6　C3054
Ⓡ＜日本複写権センター委託出版物＞
本書の無断複写は，著作権法上での例外を除き，禁じられています。本書か
らの複写は，日本複写権センター（03-3401-2382）の許諾を得てください。